◆改変・茶運び人形について

茶運び人形は、名前のとおりお茶を運ぶからくり人形です。江戸時代初期に作られ始めました。

「機巧図彙・上巻」（1796年発行・細川半蔵頼直著）にも記されています。

その茶運び人形を改変して、ちょっと賢い改変・茶運び人形にしました。

愛称を「新之輔（しんのすけ）」と名付けました。

改変・茶運び人形の特徴と動きは、次のとおりです。
- ・ぜんまいを動力としています。
- ・停止機構が三つ付いています。
  - 一つは、手の上下運動（茶碗の有無）に連動する行司輪停止棒で停止させる機構です。
    これは、従来の茶運び人形に付いているものと同じものです。
  - 一つは、自動停止爪、自動停止制御棒に連動する自動停止棒で自動停止させる機構です。
  - 一つは、手動停止爪を操作して手動停止棒で停止させる機構です。
- ・自動停止機構は、自動停止解除爪のワンタッチ操作で自動停止を解除することが出来ます。解除
  することで従来の茶運び人形と同じ動きになります。簡単に動きを切り換えることが出来ます。
- ・天符式調速機が付いています。お茶がこぼれないように、ゆっくりと進みます。
- ・回転機構が付いています。お客様がお茶碗を返すと、くるりと向きを変え主人の元に戻ります。
- ・一の輪と二の輪心車の歯数比を4.8とすることで直進する距離を約1.0mに短くしています。
  （従来の歯数比は7で約1.5m直進します。）
- ・頭おじぎ機構、足踏み機構が付いており、人と見まがうような動きをします。
- ・主人と客という遊び方をすると、人形を介して参加者と一緒に楽しむことが出来ます。

◆製作図面について

この製作図面は、「機巧図彙・上巻」に掲載されている茶運び人形を基本にして、自動停止機構を追加
する等、一部改変し、図面を起こしたものです。

①茶運び人形の部品の名称は、機巧図彙に載っているものはそのまま使いました。
　それ以外は、適当と思われるものにしました。
②茶運び人形の前後左右は、機巧図彙と同じように人形によって定めています。
③単位は、mmです。ただし、衣装型紙は、cmです。
④寸法値のφ（ファイ）は直径、tは厚み、□は正四角形を示しています。
⑤寸法値の（　）内は、機巧図彙に記載の尺貫値とmmへの換算値を示しています。
⑥一の輪、二の輪、二の輪心車、行司輪心車の歯数と留め輪の歯数の（　）内も、機巧図彙に記載の
　値を示しています。
⑦穴は、基本的に貫通です。貫通しないものは、深さを示しています。
⑧穴の大きさの基準は、次のとおりです。
- ・軸穴の直径は、軸の大きさの＋0.4〜0.5mmとしています。
  軸と軸受けの材料の違いや軸の太さにより変えています。
- ・留め釘などを木工用ボンド等で固定する穴は、留め釘などの大きさと同じ直径にしています。
  （入りにくい場合は、軸穴を0.1mm大きくするか、軸を小さく削るか調整をして下さい）
- ・分解の都度、外すような目釘等の穴は、軸の大きさと同じ直径にしています。
  （目釘等は、組み立て後、動かしているときは簡単に抜けないように、また分解するときは容易に
  外れるようにすることが必要です。目釘等を、楔にするとか、和紙を貼るなど工夫して下さい）
⑨製図は、正確なJIS規格表示になっていない部分もありますがご了承ください。

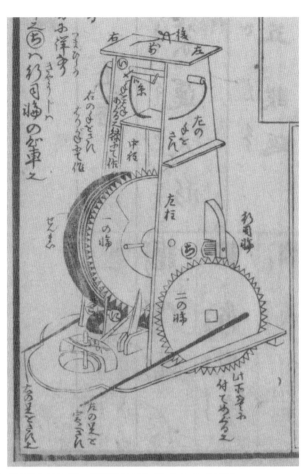

機巧図彙・茶運人形（著者 細川頼直、出版者 須原屋市兵衛、出版年月日 寛政 8 ［1796］）
出典：国立国会図書館書誌データ（2022 年 10 月 5 日取得）、収載データ（拡大加工）

改変・茶運び人形（新之輔）（2023 年 原克文作）

改変・茶運び人形
100 人形

左側面図

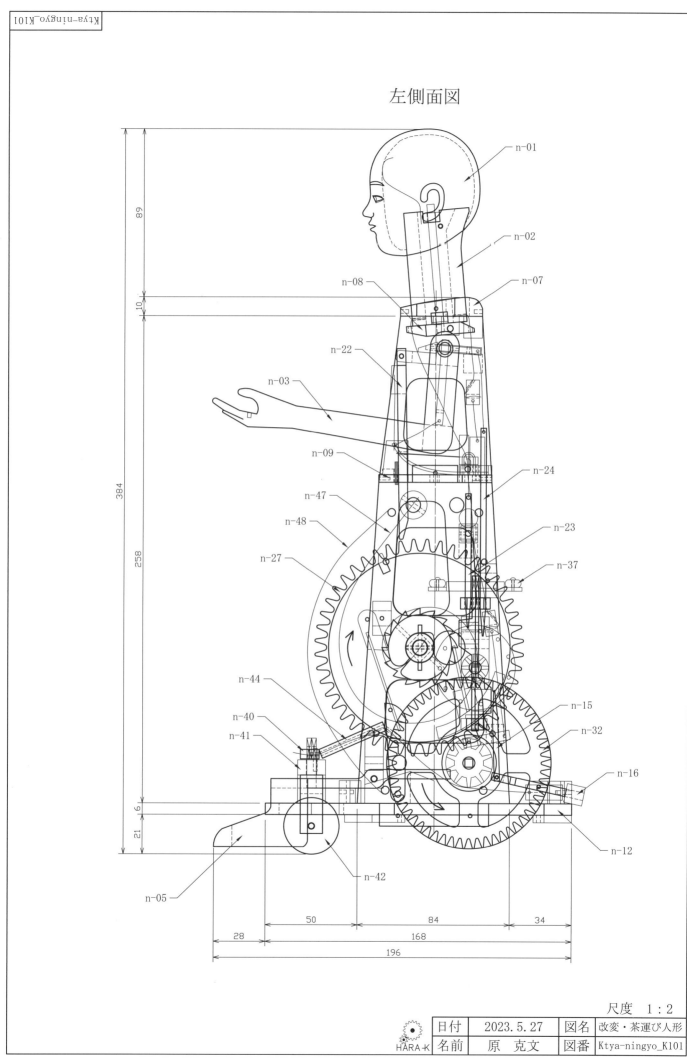

n-01
n-02
n-08
n-07
n-22
n-03
n-09
n-24
n-47
n-48
n-23
n-27
n-37
n-44
n-15
n-40
n-32
n-41
n-16
n-12
n-42
n-05

89
10
384
258
6
21

28
50
84
34
168
196

尺度　1：2

日付	2023.5.27	図名	改変・茶運び人形
名前	原　克文	図番	Ktya-ningyo_K101

HARA-K

3

背面図

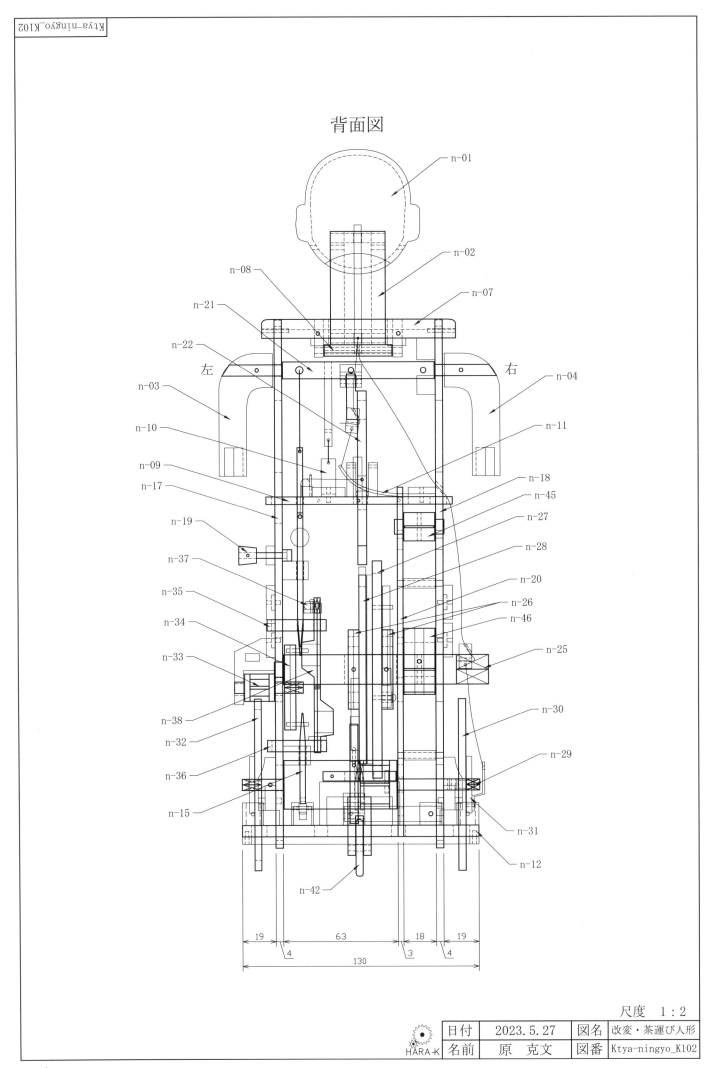

n-01
n-02
n-08
n-21
n-07
n-22
左　　　　　右
n-03
n-04
n-10
n-11
n-09
n-17
n-18
n-19
n-45
n-37
n-27
n-35
n-28
n-34
n-20
n-33
n-26
n-46
n-38
n-25
n-32
n-36
n-30
n-15
n-29
n-31
n-12
n-42

19	63	18	19
4		3	4
	130		

尺度　1 : 2

日付	2023.5.27	図名	改変・茶運び人形
名前	原　克文	図番	Ktya-ningyo_K102

HARA-K

4

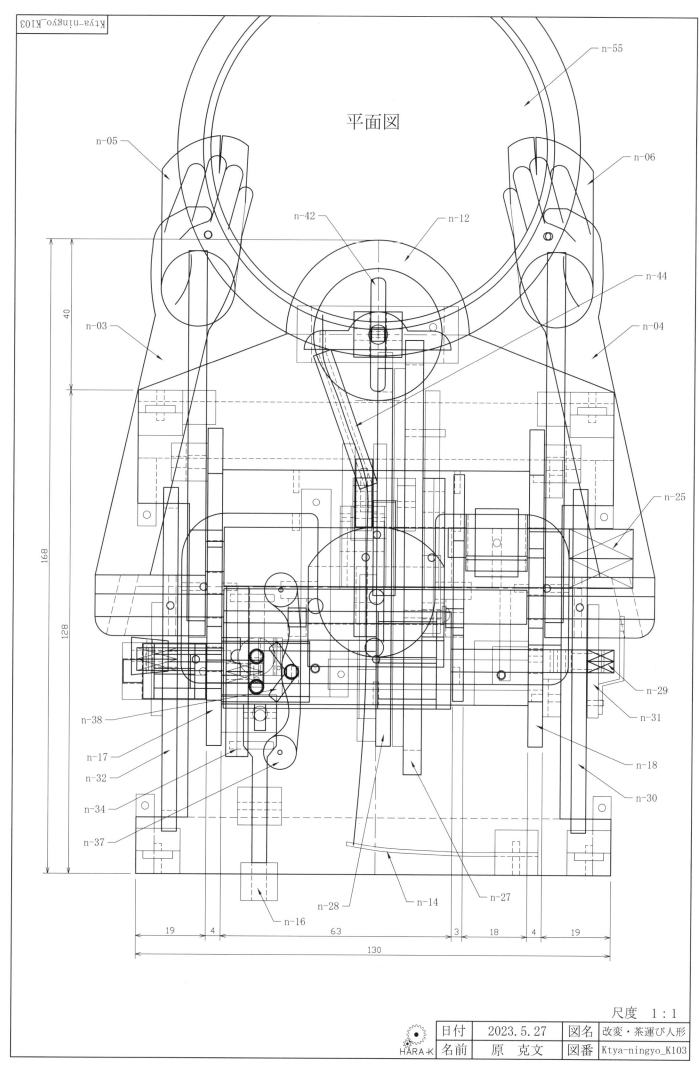

平面図

n-55
n-05
n-06
n-42
n-12
n-44
n-03
n-04
40
n-25
168
128
n-29
n-31
n-38
n-17
n-32
n-18
n-34
n-30
n-37
n-28
n-14
n-27
n-16

| 19 | 4 | 63 | 3 | 18 | 4 | 19 |

130

尺度　1：1

| 日付 | 2023.5.27 | 図名 | 改変・茶運び人形 |
| 名前 | 原　克文 | 図番 | Ktya-ningyo_K103 |

HARA-K

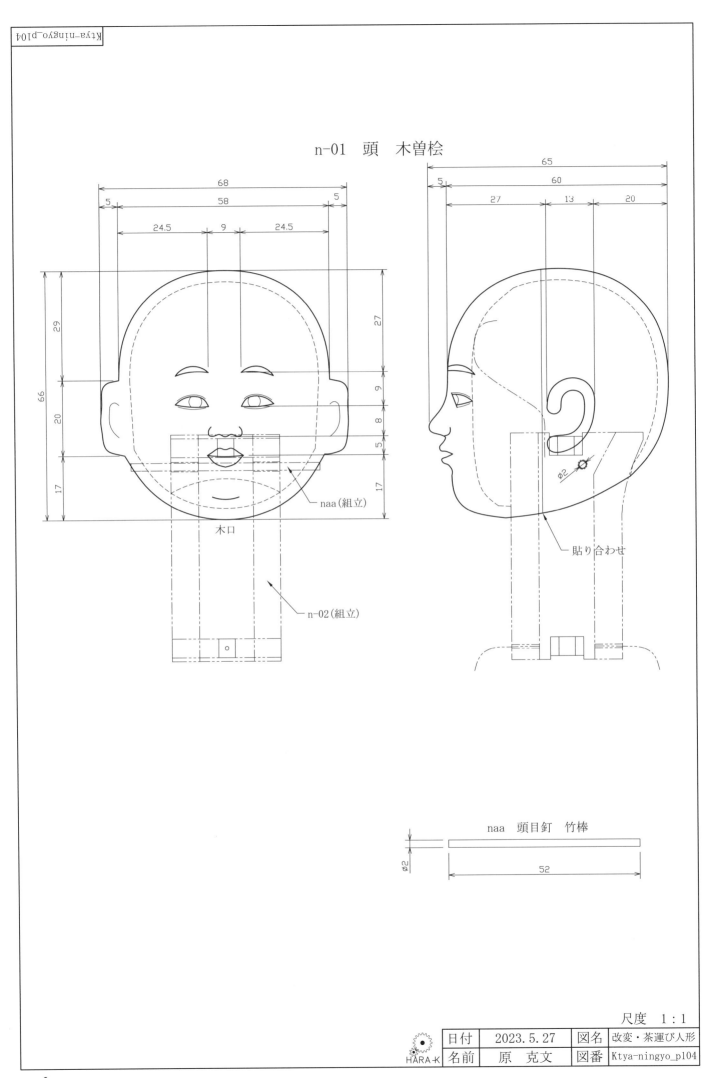

n-01 頭 木曽桧

naa（組立）

木口

n-02（組立）

貼り合わせ

φ2

naa 頭目釘 竹棒

φ2

52

尺度 1：1

| 日付 | 2023.5.27 | 図名 | 改変・茶運び人形 |
| 名前 | 原　克文 | 図番 | Ktya-ningyo_p104 |

n-02　首　木曽桧
※ すべて貼り合わせ

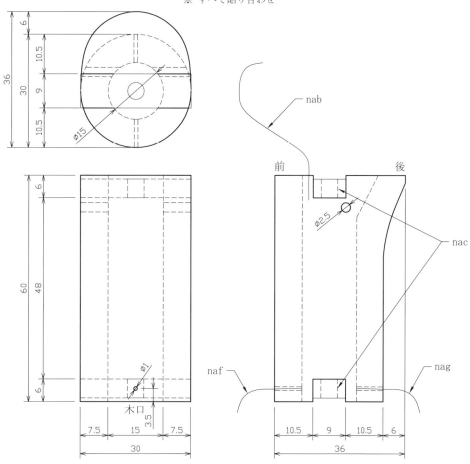

nab 頭内ばね t0.5程 幅5mm 70mm程
　　鯨のひれ（ひげ）

nac 首心棒受け t5 ミズメ ×2

nad 糸中間継ぎ手 t5 ミズメ ×2

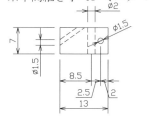

nae 糸中間継ぎ手留め釘 竹棒 ×2

naf 頭おじぎ糸 φ0.8、長さ200mm程 絹糸 ×2

nag 頭ばね糸 φ0.8、長さ120mm程 絹糸 ×2

尺度　1：1

| | 日付 | 2023.5.27 | 図名 | 改変・茶運び人形 |
| HARA-K | 名前 | 原　克文 | 図番 | Ktya-ningyo_p105 |

7

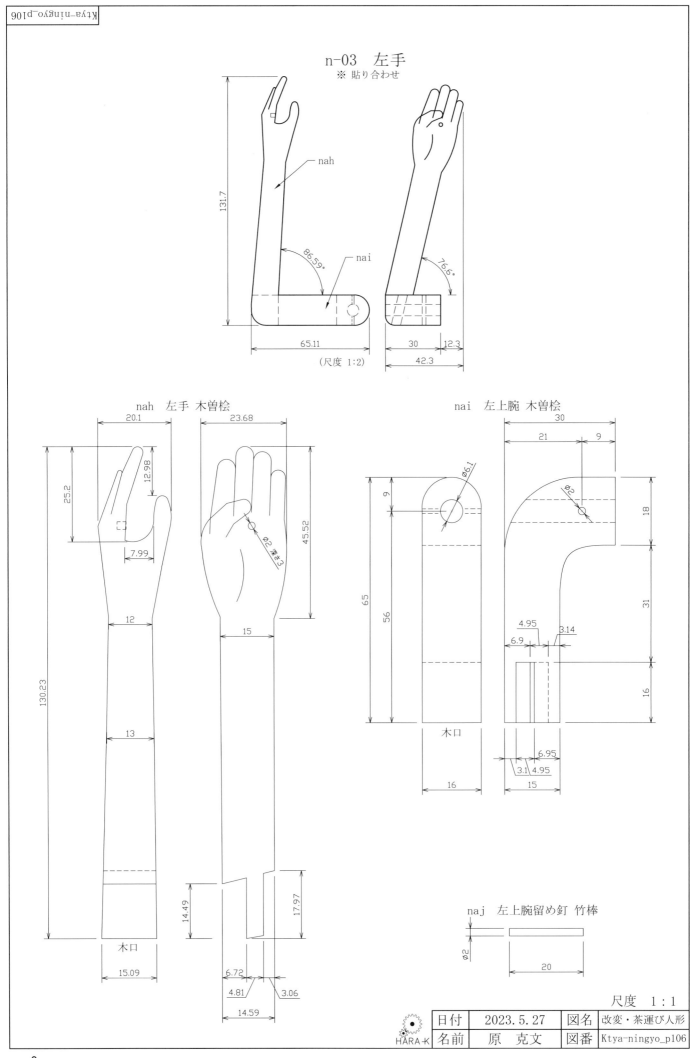

n-03　左手
※ 貼り合わせ

nah

nai

131.7

86.59°

65.11

(尺度 1:2)

76.6°

30　12.3

42.3

nah　左手　木曽桧

20.1

23.68

25.2

12.98

7.99

45.52

Ø2 深さ3

12

15

13

130.23

木口

15.09

6.72

4.81　3.06

14.59

14.49

17.97

nai　左上腕　木曽桧

30

21　9

Ø6.1

Ø2

9

18

56

65

31

4.95

3.14

6.9

16

木口

16

3.1　4.95

6.95

15

naj　左上腕留め釘　竹棒

Ø2

20

尺度　1:1

日付	2023.5.27	図名	改変・茶運び人形
名前	原　克文	図番	Ktya-ningyo_p106

HARA-K

8

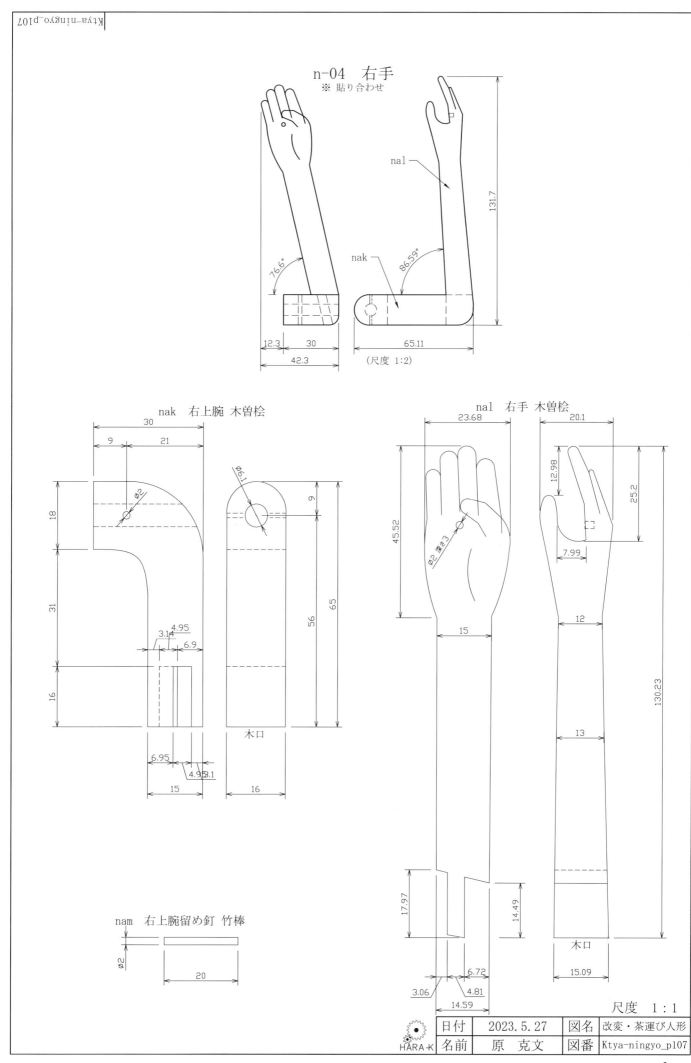

n-04　右手
※ 貼り合わせ

nal

nak

76.6°

86.59°

131.7

12.3　30

42.3

65.11

（尺度 1:2）

nak　右上腕　木曽桧

30

9　21

φ2

φ6.1

18

9

31

56　65

3.14　4.95

6.9

16

木口

6.95

4.95 3.1

15

16

nam　右上腕留め釘　竹棒

φ2

20

nal　右手　木曽桧

23.68

20.1

12.98

25.2

45.52

φ2 深さ3

7.99

15

12

130.23

13

17.97

14.49

木口

3.06

6.72

4.81

15.09

14.59

尺度　1：1

日付	2023.5.27	図名	改変・茶運び人形
名前	原　克文	図番	Ktya-ningyo_p107

HARA-K

9

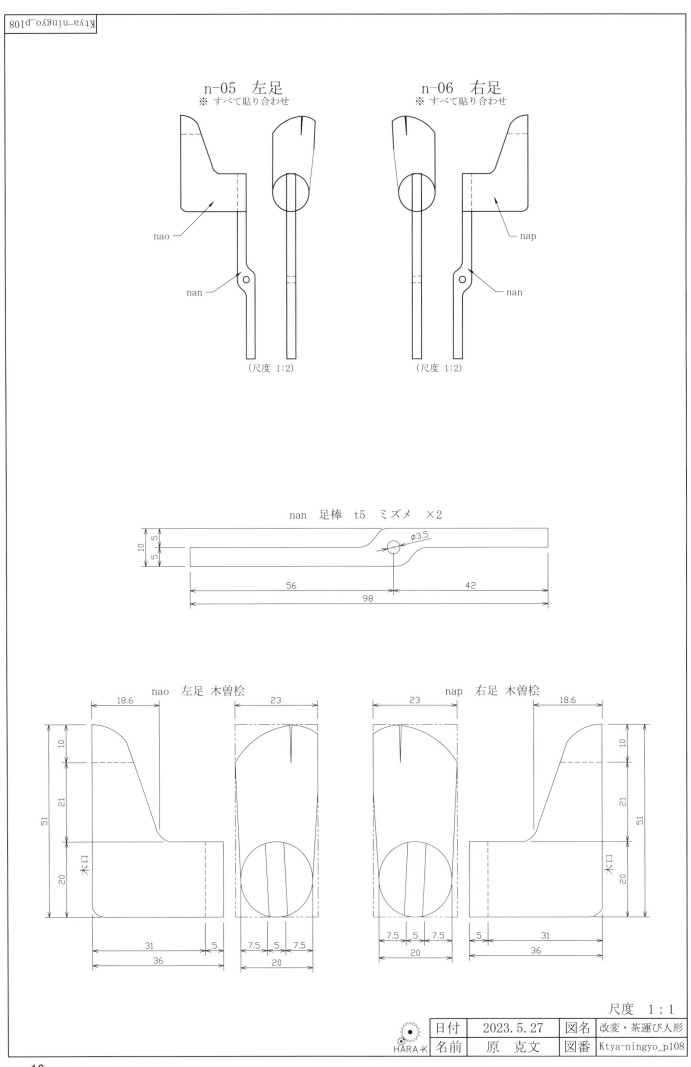

n-05　左足
※ すべて貼り合わせ

nao

nan

（尺度 1:2）

n-06　右足
※ すべて貼り合わせ

nap

nan

（尺度 1:2）

nan　足棒　t5　ミズメ　×2

φ3.5

10
5
5

56

42

98

nao　左足　木曽桧

18.6

23

10

21

51

木口

20

31

5

36

7.5　5　7.5

20

nap　右足　木曽桧

23

18.6

10

21

51

木口

20

7.5　5　7.5

20

5

31

36

尺度　1：1

日付	2023.5.27	図名	改変・茶運び人形
名前	原　克文	図番	Ktya-ningyo_p108

HARA-K

10

n-07 天板 t10 ミズメ
※ すべて貼り合わせ

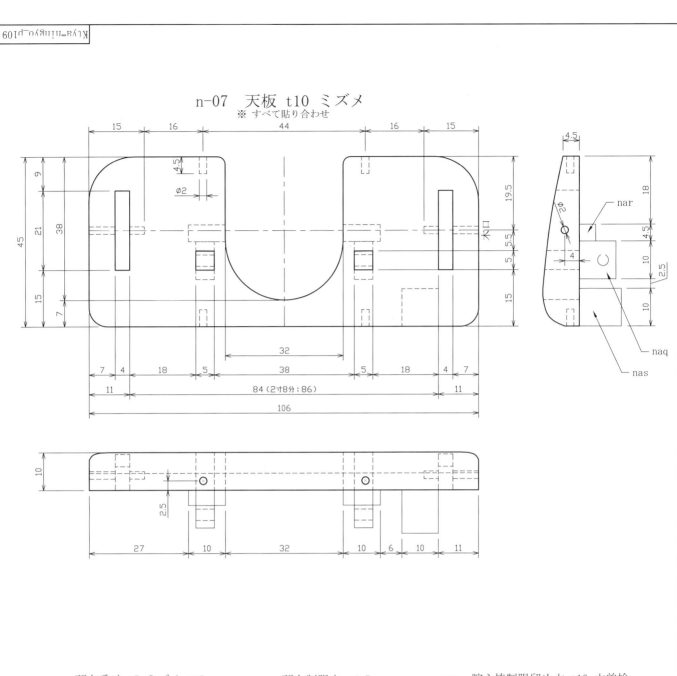

naq 頭台受け t5 ミズメ ×2

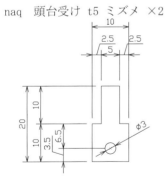

nar 頭台制限木 t4.5 木曽桧 ×2

nas 腕心棒制限留め木 t10 木曽桧

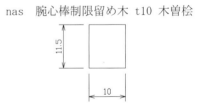

nat からみ防止板掛け釘 竹棒 ×4

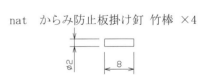

| 日付 | 2023.5.27 | 図名 | 改変・茶運び人形 |
| 名前 | 原　克文 | 図番 | Ktya-ningyo_p109 |

尺度　1：1

HARA-K

11

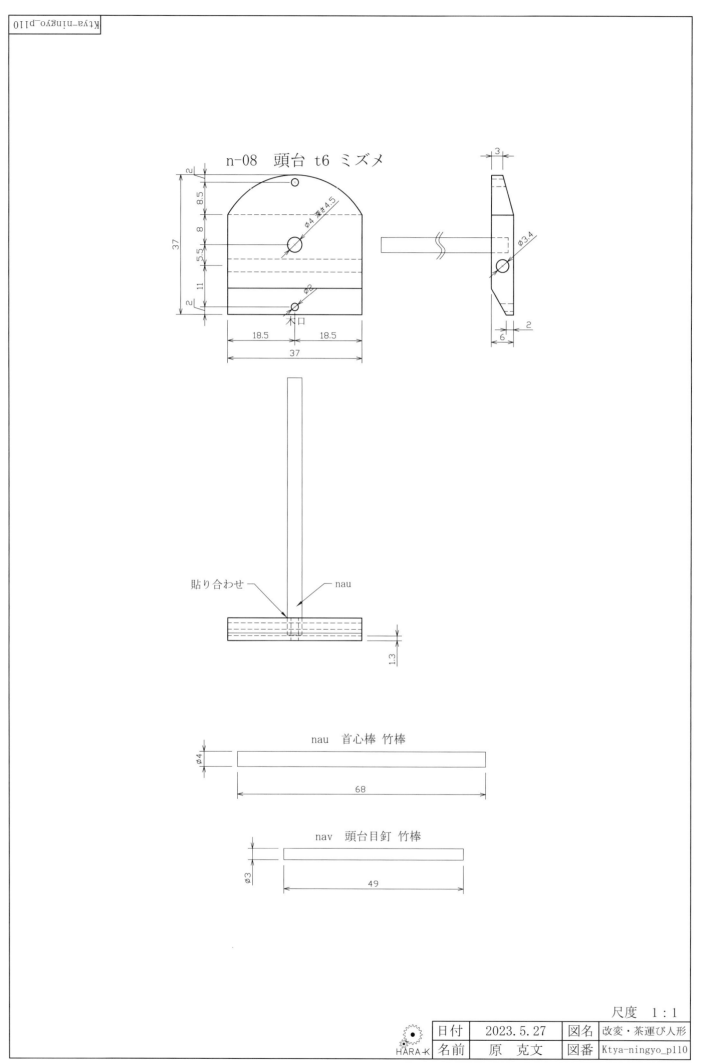

n-08 頭台 t6 ミズメ

φ4 深さ4.5
φ3.4
φ2
木口

貼り合わせ ── nau

nau 首心棒 竹棒
φ4
68

nav 頭台目釘 竹棒
φ3
49

尺度	1:1		
日付	2023.5.27	図名	改変・茶運び人形
名前	原 克文	図番	Ktya-ningyo_p110

12

n-09　中板 t4　ミズメ
※ すべて貼り合わせ

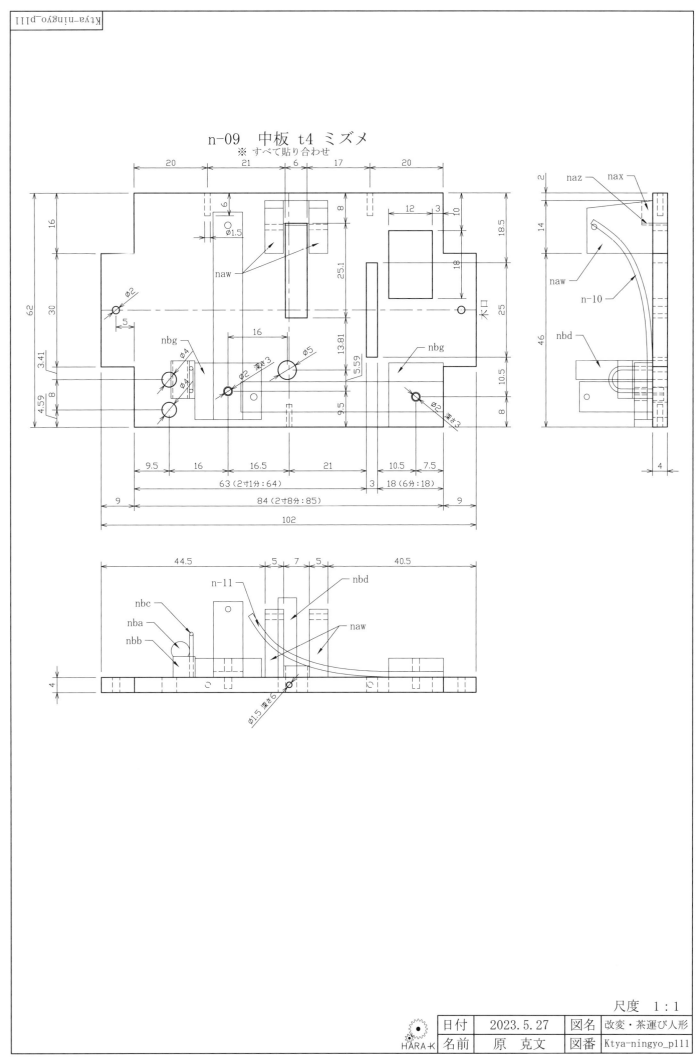

| 日付 | 2023.5.27 | 図名 | 改変・茶運び人形 |
| 名前 | 原　克文 | 図番 | Ktya-ningyo_p111 |

尺度　1：1

HARA-K

13

naw　自動停止棒ばね留め釘受け1
t5　ミズメ　×2

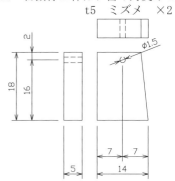

nax　自動停止棒ばね留め釘受け2
t3　ミズメ

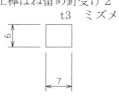

nay　自動停止棒ばね留め釘　竹棒

naz　消音材　t0.5程　羊皮

nba　糸滑り棒1　竹棒

nbb　糸滑り棒2　t5.5　木曽桧

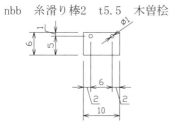

nbc　糸滑り棒3　真ちゅう棒

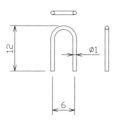

nbd　糸滑り棒4　竹棒

nbe　中板留め釘　竹棒　×2

nbf　衣装掛け釘　真ちゅう棒　×3

尺度　1：1

日付	2023.5.27	図名	改変・茶運び人形
名前	原　克文	図番	Ktya-ningyo_p112

HARA-K

14

nbg　ばね受け t5 ミズメ ×2

nbh　ばね受け留め釘 竹棒 ×2

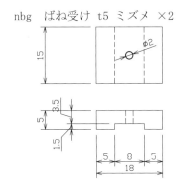

n-10　腕心棒ばね t1.5程 鯨のひれ（ひげ）

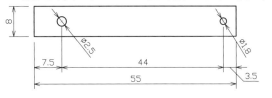

n-11　頭台ばね t1.5程 鯨のひれ（ひげ）

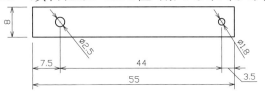

nbi　腕心棒糸　φ0.8、長さ120mm程 絹糸

尺度　1：1

	日付	2023.5.27	図名	改変・茶運び人形
HARA-K	名前	原　克文	図番	Ktya-ningyo_p113

15

n-12　地板 t6 ミズメ
※ すべて貼り合わせ

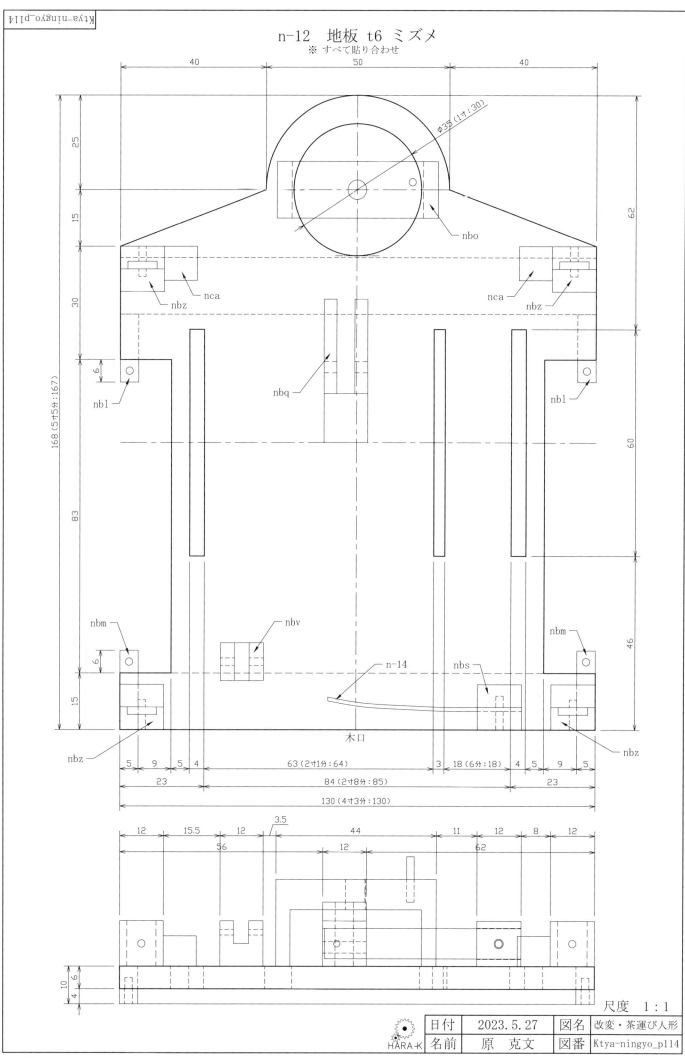

φ35(1寸:30)

nbo

nbz　nca

nca　nbz

nb1

nbq

nb1

168(5寸5分:167)

25

15

30

6

83

62

60

46

nbm

nbv

nbm

6

n-14

nbs

15

nbz

木口

nbz

5　9　5　4　　63(2寸1分:64)　　3　18(6分:18)　4　5　9　5

23　　84(2寸8分:85)　　23

130(4寸3分:130)

40　　50　　40

12　15.5　12　3.5　44　11　12　8　12

56　　12　　62

10　6　4

尺度　1:1

| 日付 | 2023.5.27 | 図名 | 改変・茶運び人形 |
| 名前 | 原　克文 | 図番 | Ktya-ningyo_p114 |

HARA-K

16

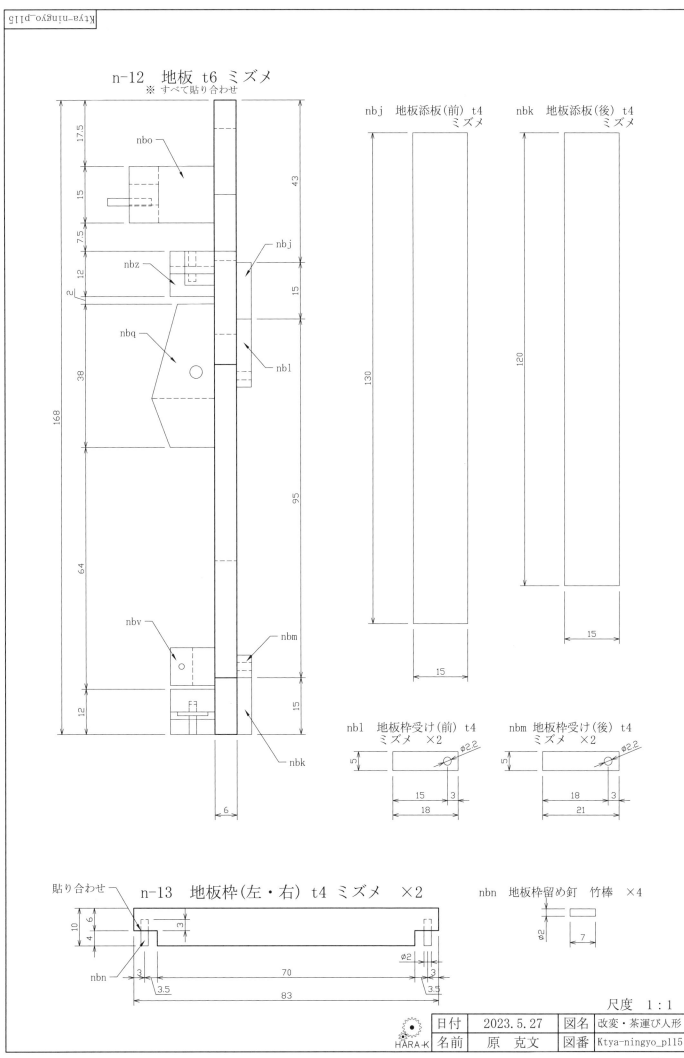

n-12　地板 t6 ミズメ
※ すべて貼り合わせ

nbo

nbz

nbq

nbv

nbm

nbk

nbj　地板添板(前) t4
　　　ミズメ

nbk　地板添板(後) t4
　　　ミズメ

nbl　地板枠受け(前) t4
　　　ミズメ　×2

nbm 地板枠受け(後) t4
　　　ミズメ　×2

貼り合わせ

n-13　地板枠(左・右) t4 ミズメ　×2

nbn　地板枠留め釘　竹棒　×4

尺度　1：1

日付	2023.5.27	図名	改変・茶運び人形
名前	原　克文	図番	Ktya-ningyo_p115

17

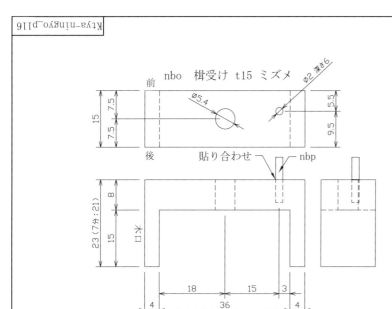

nbo　楫受け　t15　ミズメ

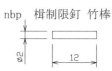

nbp　楫制限釘　竹棒

nbq　楫とり爪受け　t12　ミズメ

nbr　楫とり爪受け目釘　竹棒

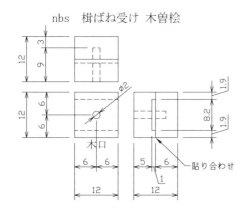

nbs　楫ばね受け　木曽桧

nbt　楫ばね受け留め釘　竹棒

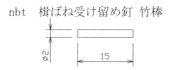

n-14　楫ばね　t0.8程　鯨のひれ（ひげ）

nbu　楫糸　φ0.8、長さ250mm程　絹糸

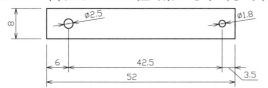

| 日付 | 2023.5.27 | 図名 | 改変・茶運び人形 |
| 名前 | 原　克文 | 図番 | Ktya-ningyo_p116 |

尺度　1：1

18

nbv　手動停止爪受け　木曽桧

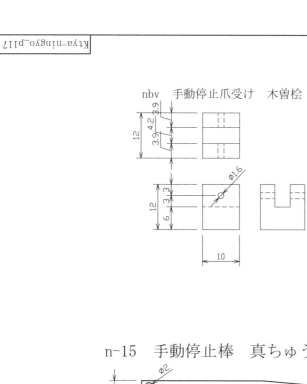

nbw　手動停止爪受け目釘　竹棒

n-15　手動停止棒　真ちゅう棒

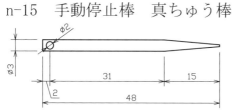

n-16　手動停止爪　ミズメ

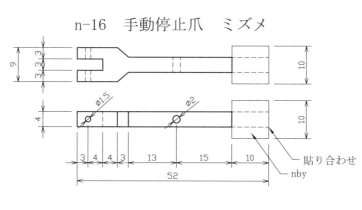

貼り合わせ
nby

nbx　手動停止棒目釘　竹棒

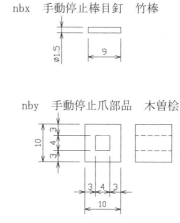

nby　手動停止爪部品　木曽桧

nbz　からみ防止受け(左・右、前・後)
t12 木曽桧 ×4

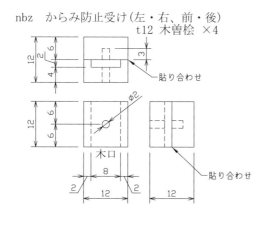

貼り合わせ

木口

貼り合わせ

nca　足棒制限板　t8　木曽桧　×2

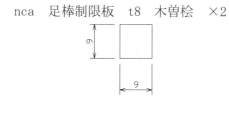

ncb　からみ防止受け留め釘
竹棒 ×4

尺度　1：1

| 日付 | 2023.5.27 | 図名 | 改変・茶運び人形 |
| 名前 | 原　克文 | 図番 | Ktya-ningyo_p117 |

HARA-K

19

n-17 左柱 t4 ミズメ
※ すべて貼り合わせ

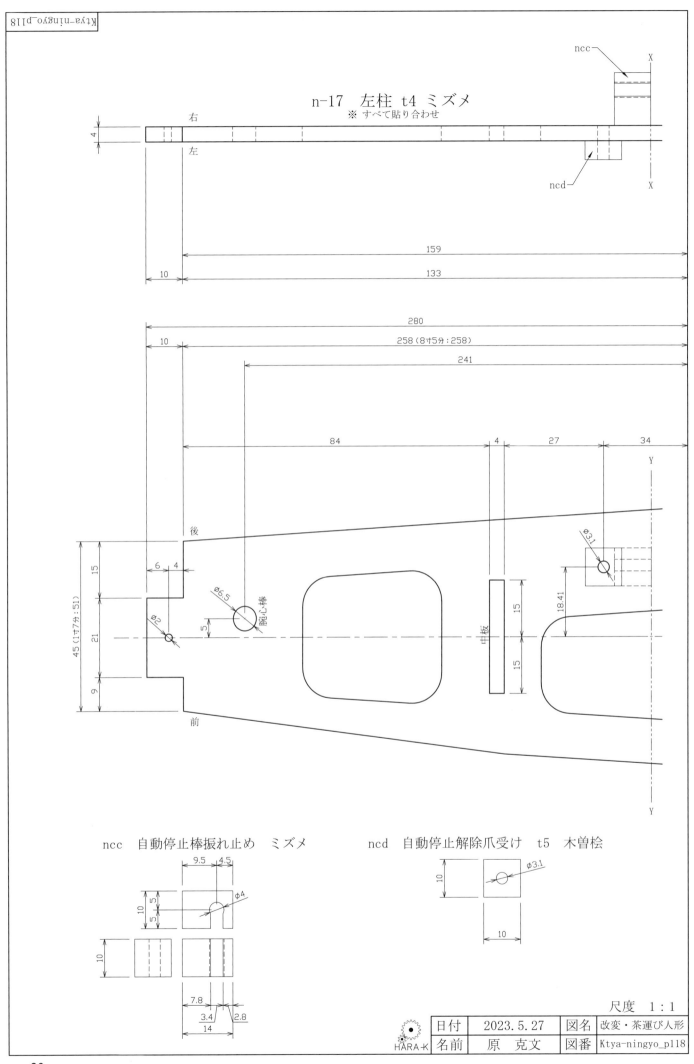

右
左
4
10
159
133

ncc
ncd
X
X

280
258 (8寸5分：258)
241
10
84
4
27
34
Y

後
15
6 4
45 (1寸7分：51)
21
9
前
φ2
φ6.5
腕心棒
5
中板
15
15
φ3.1
18.41
Y

ncc 自動停止棒振れ止め ミズメ
9.5 4.5
10
5
5
φ4
10
7.8
3.4 2.8
14

ncd 自動停止解除爪受け t5 木曽桧
10
φ3.1
10

尺度 1：1

日付	2023.5.27	図名	改変・茶運び人形
名前	原 克文	図番	Ktya-ningyo_p118

HARA-K

n-17 左柱 t4 ミズメ
※ すべて貼り合わせ

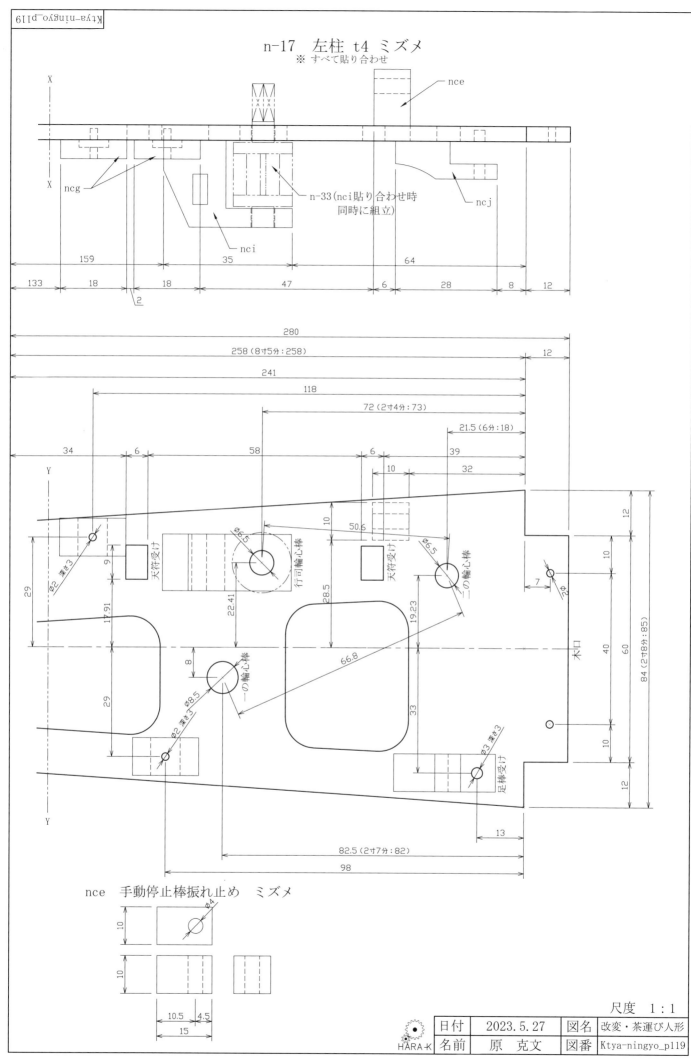

X
nce
ncg
n-33(nci貼り合わせ時 同時に組立)
nci
ncj

159
35
64

133
18
18
47
6
28
8
12

2

280
258 (8寸5分：258)
12
241
118
72 (2寸4分：73)
21.5 (6分：18)

34
6
58
6
39
10
32

Y
天符受け
φ6.5
行司輪心棒
天符受け
φ6.5
二の輪心棒
2φ
7
12
10
50.6
10
22.41
28.5
19.23
29
17.91
8
一の輪心棒
66.8
木口
40
60
84 (2寸8分：85)
29
33
10
φ2 深さ3 φ8.5
φ3 深さ3
足棒受け
12
Y
13
82.5 (2寸7分：82)
98

nce 手動停止棒振れ止め ミズメ

φ4
10
10
10.5 4.5
15

尺度 1：1

日付	2023.5.27	図名	改変・茶運び人形
名前	原 克文	図番	Ktya-ningyo_p119

HARA-K

21

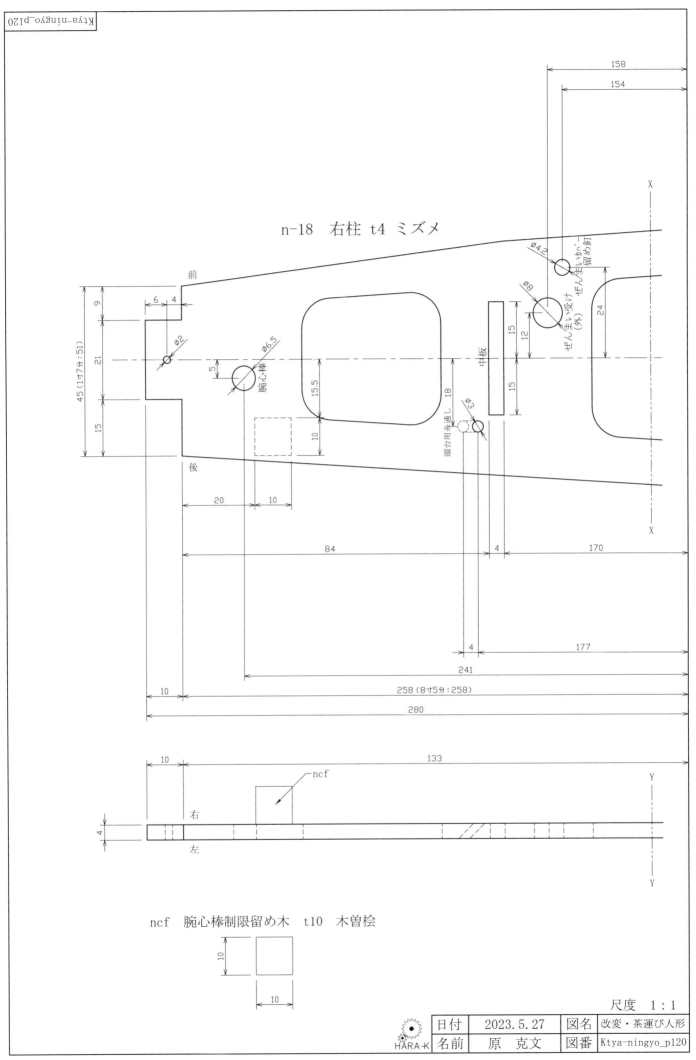

n-18　右柱　t4　ミズメ

前

45 (1寸7分:51)

9

21

15

6

4

φ2

φ6.5

腕心棒

5

後

20

10

84

10

中板

15.5

10

頭台用糸通し　18

φ3

15

12

15

φ8

ぜんまい受け（外）

φ4.2

ぜんまいかぶ、留め釘

24

X

158

154

X

4

170

4

177

241

258（8寸5分:258）

280

10

133

ncf

右

左

4

Y

Y

ncf　腕心棒制限留め木　t10　木曽桧

10

10

尺度　1:1

| | 日付 | 2023.5.27 | 図名 | 改変・茶運び人形 |
| HARA-K | 名前 | 原　克文 | 図番 | Ktya-ningyo_p120 |

22

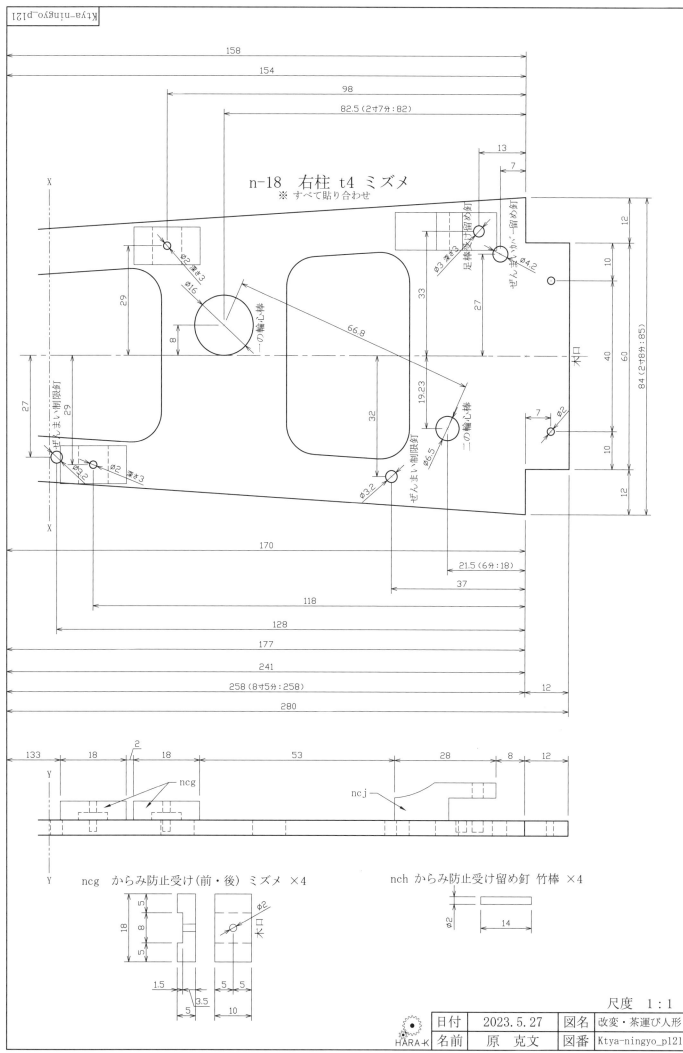

n-18　右柱 t4 ミズメ
※ すべて貼り合わせ

ncg　からみ防止受け(前・後) ミズメ ×4

nch からみ防止受け留め釘 竹棒 ×4

尺度　1：1

日付	2023. 5. 27	図名	改変・茶運び人形
名前	原　克文	図番	Ktya-ningyo_p121

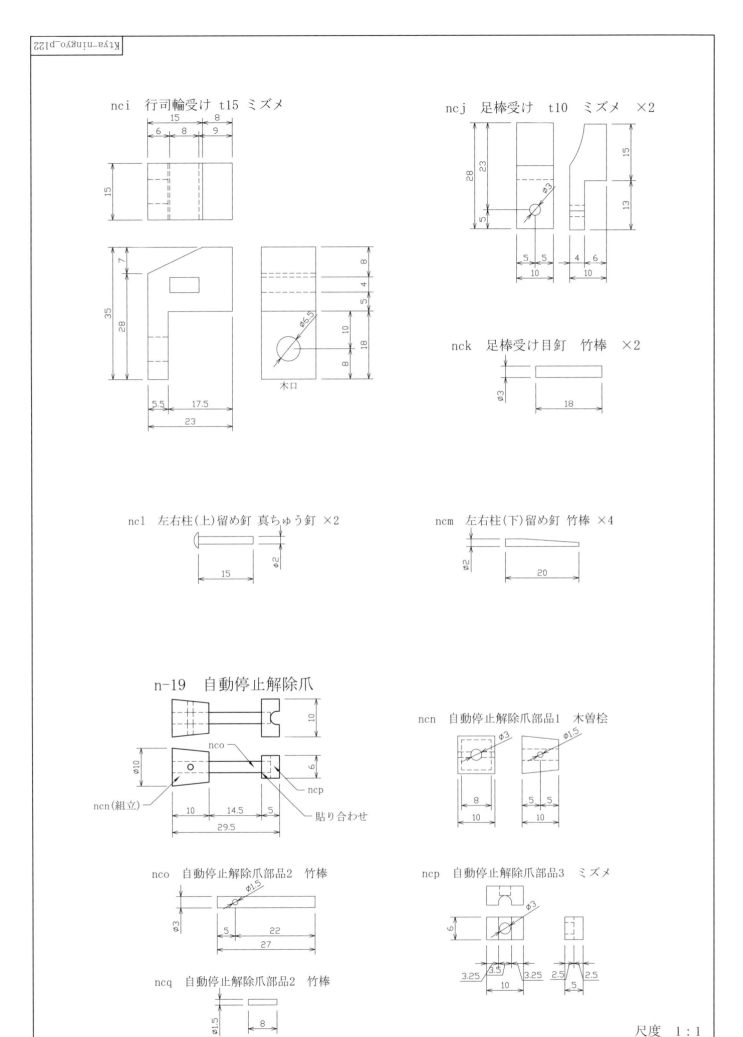

nci　行司輪受け　t15　ミズメ

ncj　足棒受け　t10　ミズメ　×2

木口

nck　足棒受け目釘　竹棒　×2

ncl　左右柱(上)留め釘　真ちゅう釘　×2

ncm　左右柱(下)留め釘　竹棒　×4

n-19　自動停止解除爪

nco

ncn(組立)

ncp

貼り合わせ

ncn　自動停止解除爪部品1　木曽桧

nco　自動停止解除爪部品2　竹棒

ncp　自動停止解除爪部品3　ミズメ

ncq　自動停止解除爪部品2　竹棒

尺度　1：1

| 日付 | 2023.5.27 | 図名 | 改変・茶運び人形 |
| 名前 | 原　克文 | 図番 | Ktya-ningyo_p122 |

HARA-K

24

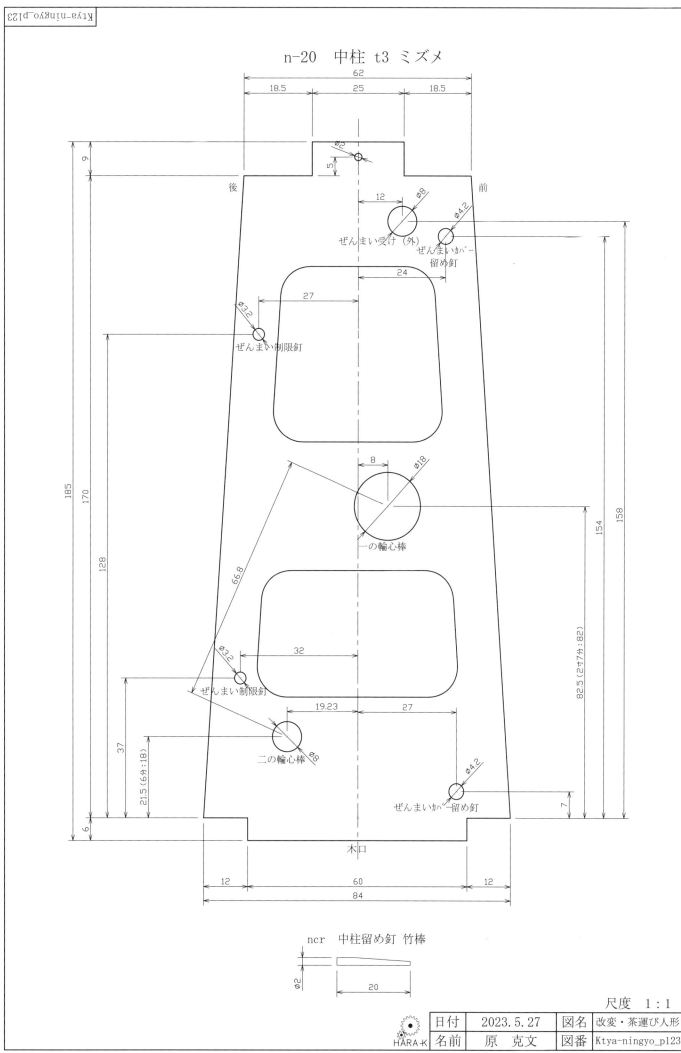

n-20　中柱 t3 ミズメ

後　　前

ぜんまい受け（外）
ぜんまいカバー留め釘
ぜんまい制限釘
一の輪心棒
ぜんまい制限釘
二の輪心棒
ぜんまいカバー留め釘
木口

ncr　中柱留め釘 竹棒

尺度　1:1

日付	2023.5.27	図名	改変・茶運び人形
名前	原　克文	図番	Ktya-ningyo_p123

HARA-K

25

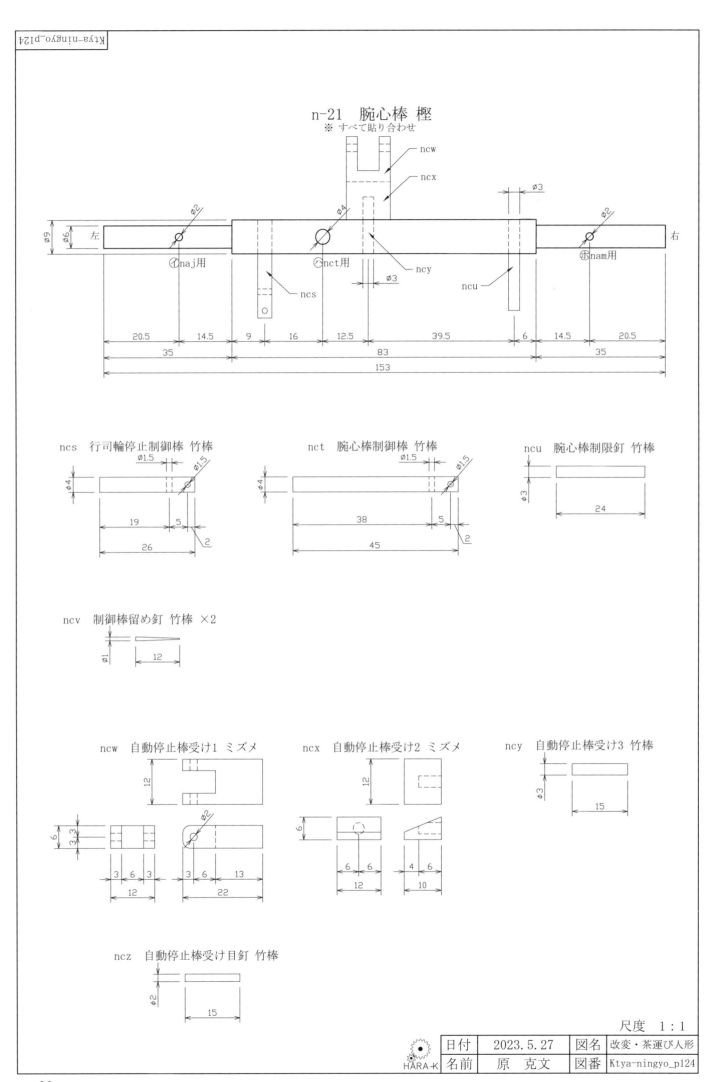

n-21　腕心棒　樫
※ すべて貼り合わせ

ncw
ncx
ncy
ncs
ncu

Ø2
Ø6
Ø9
左
④naj用
Ø4
ⓐnct用
Ø3
Ø3
Ø2
右
ⓗnam用

20.5　14.5　9　16　12.5　39.5　6　14.5　20.5
35　83　35
153

ncs　行司輪停止制御棒　竹棒
Ø4
Ø1.5　Ø1.5
19　5
26
2

nct　腕心棒制御棒　竹棒
Ø4
Ø1.5　Ø1.5
38　5
45
2

ncu　腕心棒制限釘　竹棒
Ø3
24

ncv　制御棒留め釘　竹棒　×2
Ø1
12

ncw　自動停止棒受け1　ミズメ
12
6
3　3
3　6　3
12
Ø2
3　6　13
22

ncx　自動停止棒受け2　ミズメ
12
6
6　6
12
4　6
10

ncy　自動停止棒受け3　竹棒
Ø3
15

ncz　自動停止棒受け目釘　竹棒
Ø2
15

尺度　1：1

日付	2023.5.27	図名	改変・茶運び人形
名前	原　克文	図番	Ktya-ningyo_p124

HARA-K

26

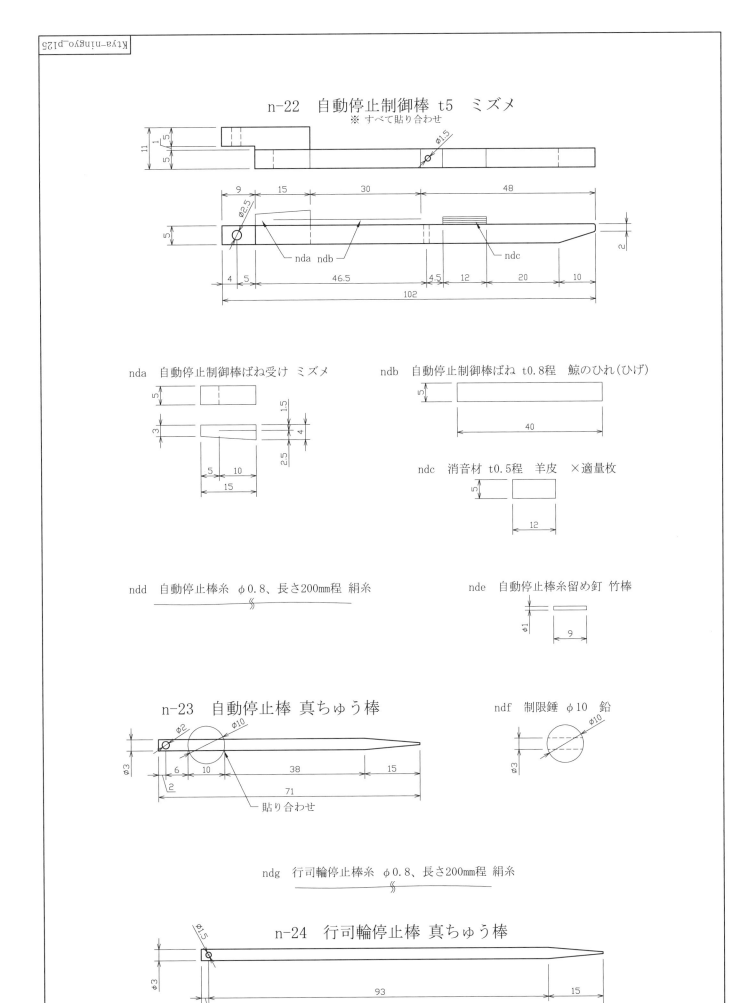

n-22　自動停止制御棒 t5　ミズメ
※ すべて貼り合わせ

nda　自動停止制御棒ばね受け　ミズメ

ndb　自動停止制御棒ばね t0.8程　鯨のひれ（ひげ）

ndc　消音材 t0.5程　羊皮　×適量枚

ndd　自動停止棒糸　φ0.8、長さ200mm程　絹糸

nde　自動停止棒糸留め釘　竹棒

n-23　自動停止棒 真ちゅう棒

貼り合わせ

ndf　制限錘　φ10　鉛

ndg　行司輪停止棒糸　φ0.8、長さ200mm程　絹糸

n-24　行司輪停止棒 真ちゅう棒

尺度　1：1

| 日付 | 2023.5.27 | 図名 | 改変・茶運び人形 |
| 名前 | 原　克文 | 図番 | Ktya-ningyo_p125 |

HARA-K

n-25 一の輪心棒 樫

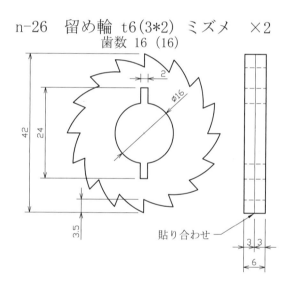

Ø2
⦶ndh用

Ø2
⦶ndh用

Ø2.5
⦵ne1用

Ø15.6
Ø8

Ø2
Ø2

1
◁n-47用

⊟ndi用 ⌒ndi用

5 34.5 4 18 4.5 5 8.5 8.5 11.5 17.5

117

Ø15.6
11.03

n-26 留め輪 t6(3*2) ミズメ ×2
歯数 16 (16)

2
Ø16
42
24
3.5
貼り合わせ
3 3
6

ndh 心棒機構留め釘 竹棒 ×2

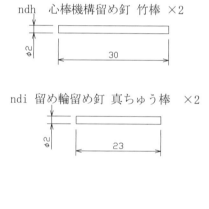

Ø2
30

ndi 留め輪留め釘 真ちゅう棒 ×2

Ø2
23

尺度 1：1

日付	2023.5.27	図名	改変・茶運び人形
名前	原　克文	図番	Ktya-ningyo_p126

HARA-K

28

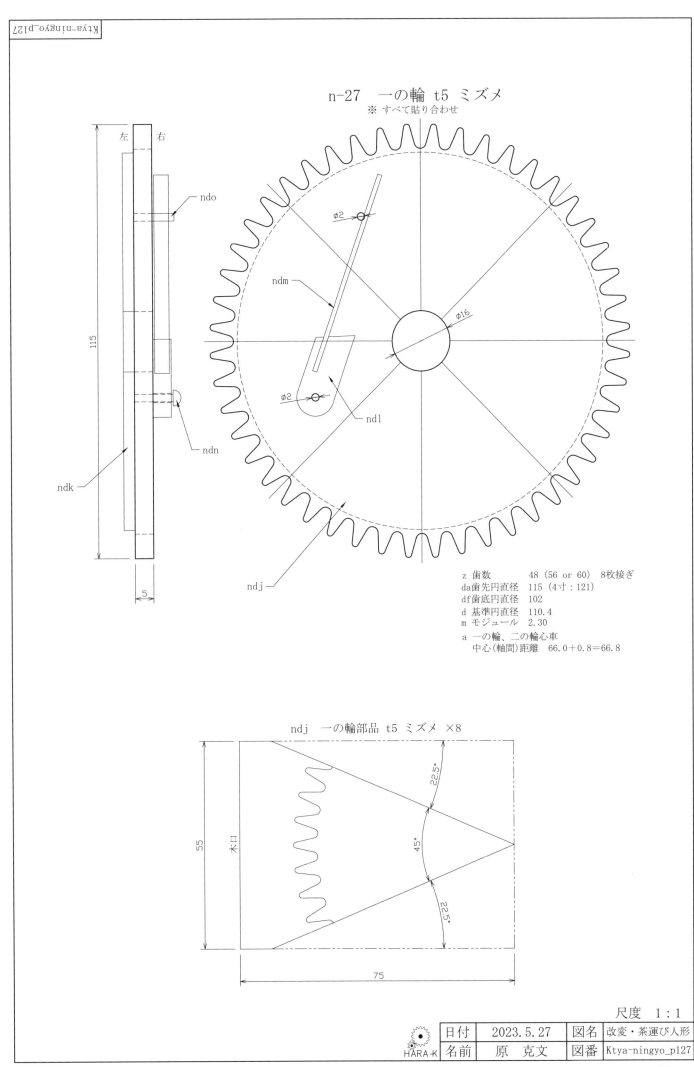

n-27　一の輪 t5 ミズメ
※ すべて貼り合わせ

左　右

ndo

ndm

φ2

φ16

ndl

φ2

ndn

ndk

ndj

115

5

z 歯数　　　　48（56 or 60）8枚接ぎ
da歯先円直径　115（4寸：121）
df歯底円直径　102
d 基準円直径　110.4
m モジュール　2.30
a 一の輪、二の輪心車
　中心（軸間）距離　66.0＋0.8＝66.8

ndj　一の輪部品 t5 ミズメ ×8

55

木口

22.5°

45°

22.5°

75

尺度　1：1

	日付	2023.5.27	図名	改変・茶運び人形
	名前	原　克文	図番	Ktya-ningyo_p127

HARA-K

29

ndk 一の輪裏板 t3 木曽桧

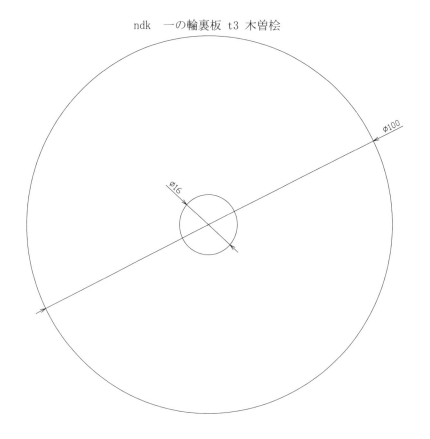

φ100

φ16

ndl 一の輪弾きばね受け t5 ミズメ

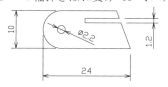

10

φ2.2

1.2

24

ndm 一の輪弾きばね t1.2程 鯨のひれ（ひげ）

4.5

55

ndn 一の輪弾きばね受け目釘 真ちゅう釘

φ2

10.5

ndo 一の輪弾きばね留め釘 竹棒

φ2

11

尺度 1：1

	日付	2023.5.27	図名	改変・茶運び人形
HARA-K	名前	原　克文	図番	Ktya-ningyo_p128

30

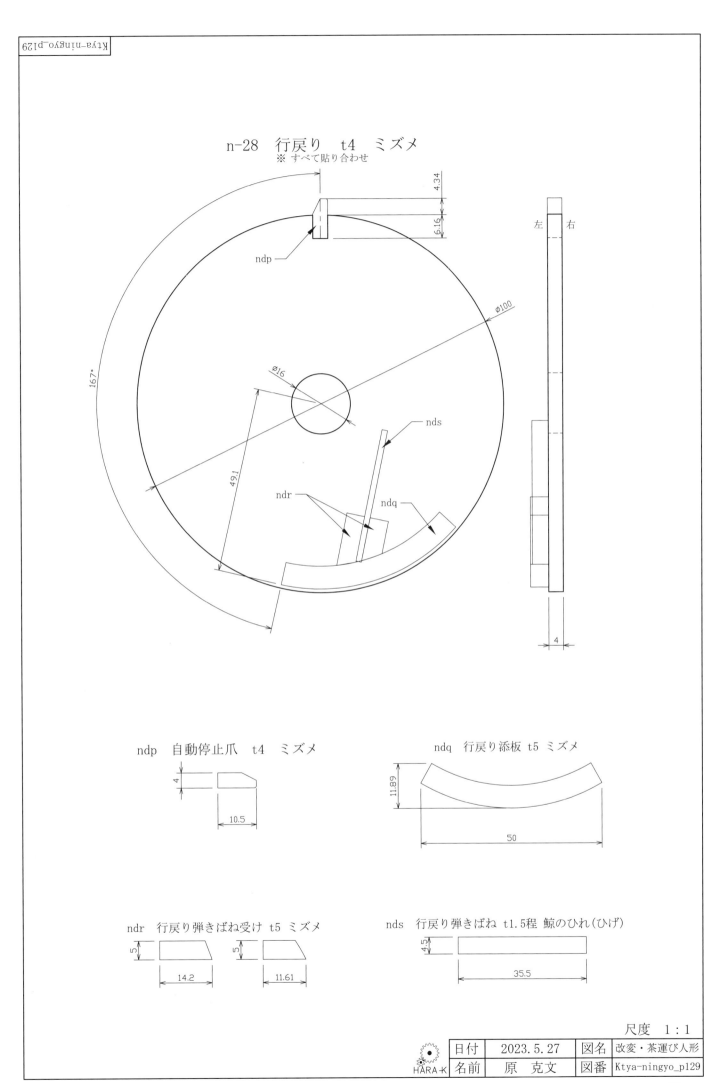

n-28　行戻り　t4　ミズメ
※ すべて貼り合わせ

ndp
4.34
6.16
ø100
ø16
167°
49.1
nds
ndr
ndq
左　右
4

ndp　自動停止爪　t4　ミズメ
4
10.5

ndq　行戻り添板 t5 ミズメ
11.89
50

ndr　行戻り弾きばね受け t5 ミズメ
5
14.2
5
11.61

nds　行戻り弾きばね t1.5程　鯨のひれ（ひげ）
4.5
35.5

尺度　1：1

日付	2023.5.27	図名	改変・茶運び人形
名前	原　克文	図番	Ktya-ningyo_p129

HARA-K

31

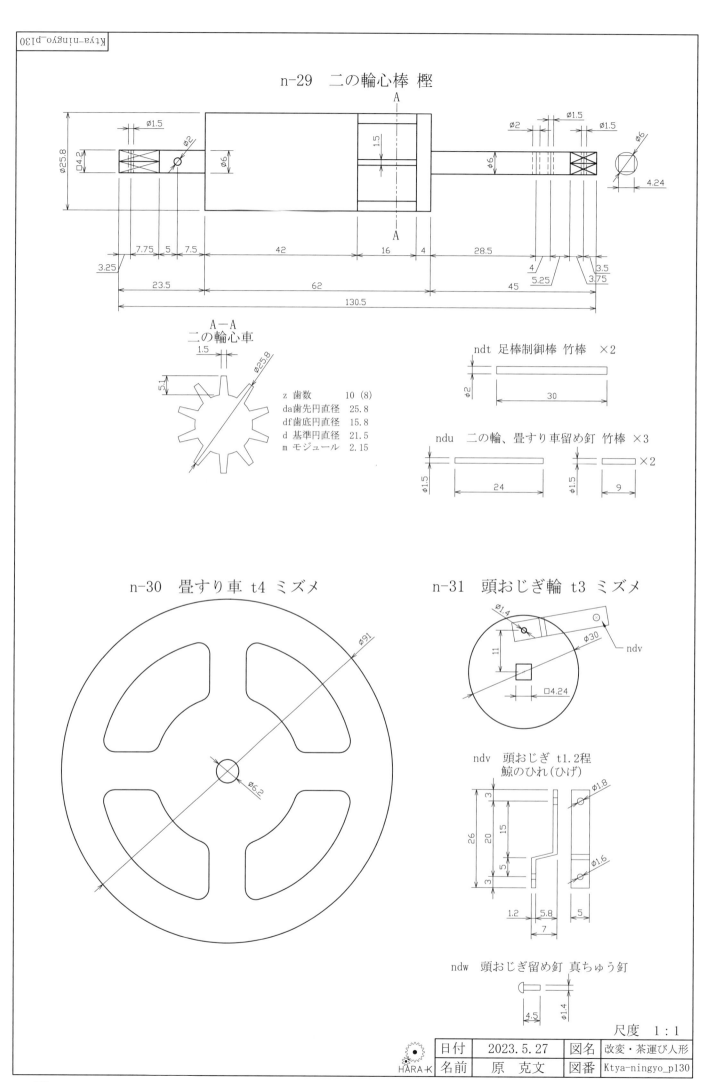

n-29 二の輪心棒 樫

A—A
二の輪心車

z 歯数　　　　10 (8)
da歯先円直径　25.8
df歯底円直径　15.8
d 基準円直径　21.5
m モジュール　2.15

ndt 足棒制御棒 竹棒 ×2

ndu 二の輪、畳すり車留め釘 竹棒 ×3

n-30　畳すり車 t4 ミズメ

n-31　頭おじぎ輪 t3 ミズメ

ndv 頭おじぎ t1.2程
鯨のひれ（ひげ）

ndw 頭おじぎ留め釘 真ちゅう釘

尺度　1：1

| 日付 | 2023.5.27 | 図名 | 改変・茶運び人形 |
| 名前 | 原　克文 | 図番 | Ktya-ningyo_p130 |

32

n-32　二の輪　t4　ミズメ
※ すべて貼り合わせ

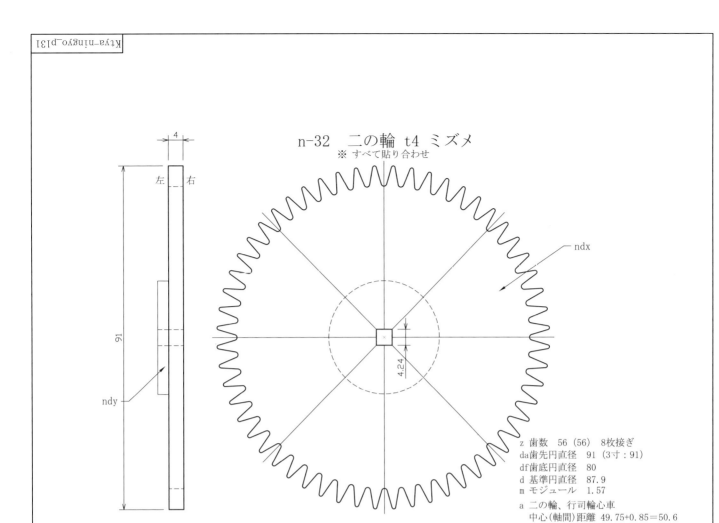

ndx

4

左　右

91

ndy

z 歯数　56（56）　8枚接ぎ
da歯先円直径　91（3寸：91）
df歯底円直径　80
d 基準円直径　87.9
m モジュール　1.57

a 二の輪、行司輪心車
　中心（軸間）距離　49.75+0.85＝50.6

4.24

ndx　二の輪部品　t4　ミズメ　×8

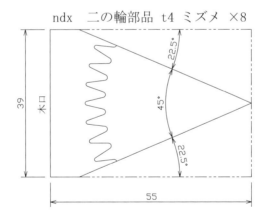

39
木口

22.5°
45°
22.5°

55

ndy　二の輪添板　t3　ミズメ

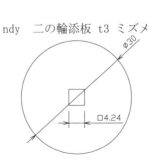

φ30

□4.24

尺度　1：1

	日付	2023.5.27	図名	改変・茶運び人形
HARA-K	名前	原　克文	図番	Ktya-ningyo_p131

33

n-33　行司輪心棒　樫

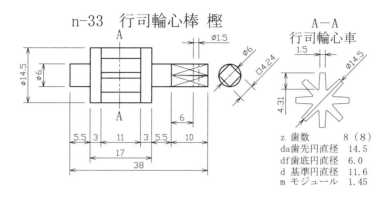

A－A
行司輪心車

z 歯数		8（8）
da 歯先円直径		14.5
df 歯底円直径		6.0
d 基準円直径		11.6
m モジュール		1.45

ndz　行司輪留め釘　竹棒

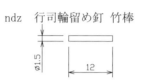

n-34　行司輪 t6(3*2) ミズメ

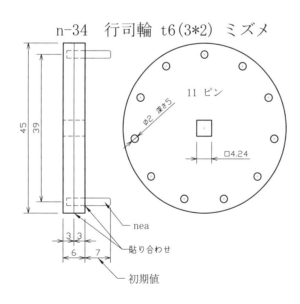

11 ピン

□4.24

nea
貼り合わせ
初期値

nea　行司輪爪　竹棒 ×11

尺度　1：1

日付	2023.5.27	図名	改変・茶運び人形
名前	原　克文	図番	Ktya-ningyo_p132

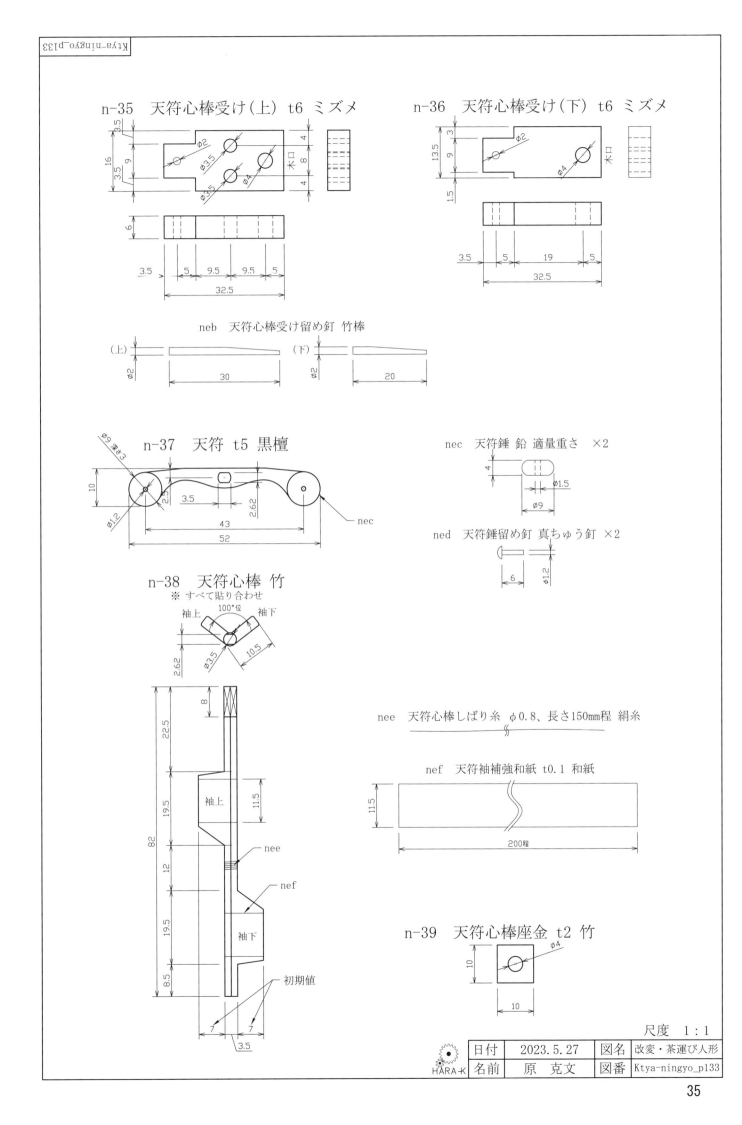

n-35　天符心棒受け（上）t6 ミズメ

φ2
φ3.5
φ4
φ3.5
木口

3.5
16
9
3.5
6
4
8
4

3.5　5　9.5　9.5　5
32.5

n-36　天符心棒受け（下）t6 ミズメ

φ2
φ4
木口

3
13.5
9
1.5

3.5　5　19　5
32.5

neb　天符心棒受け留め釘 竹棒

（上）φ2　30　　（下）φ2　20

n-37　天符 t5 黒檀

φ9 深さ3
10
2.5
φ1.2
3.5
2.62
43
52
nec

nec　天符錘 鉛 適量重さ ×2

4
φ1.5
φ9

ned　天符錘留め釘 真ちゅう釘 ×2

6
φ1.2

n-38　天符心棒 竹
※ すべて貼り合わせ

袖上　100°位　袖下
2.62
φ3.5
10.5

8
22.5
19.5
袖上
11.5
82
12　nee
19.5　nef
袖下
8.5
初期値
7　7
3.5

nee　天符心棒しばり糸　φ0.8、長さ150mm程 絹糸

nef　天符袖補強和紙 t0.1 和紙

11.5
200程

n-39　天符心棒座金 t2 竹

10
φ4
10

尺度　1:1

| 日付 | 2023.5.27 | 図名 | 改変・茶運び人形 |
| 名前 | 原　克文 | 図番 | Ktya-ningyo_p133 |

HARA-K

35

n-40　楫 t5 ミズメ

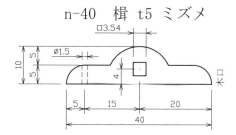

neg　楫糸留め釘 竹棒

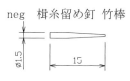

n-41　魁車受け t12 ミズメ

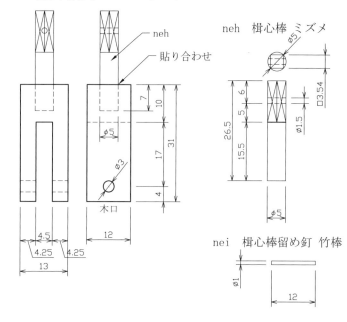

neh　楫心棒 ミズメ

nei　楫心棒留め釘 竹棒

n-42　魁車 t4 ミズメ

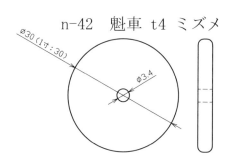

nej　魁車受け目釘 竹棒

n-43　楫とり爪 t4.5 ミズメ

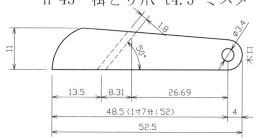

n-44　楫用管 竹管

尺度　1:1

日付	2023.5.27	図名	改変・茶運び人形
名前	原　克文	図番	Ktya-ningyo_p134

36

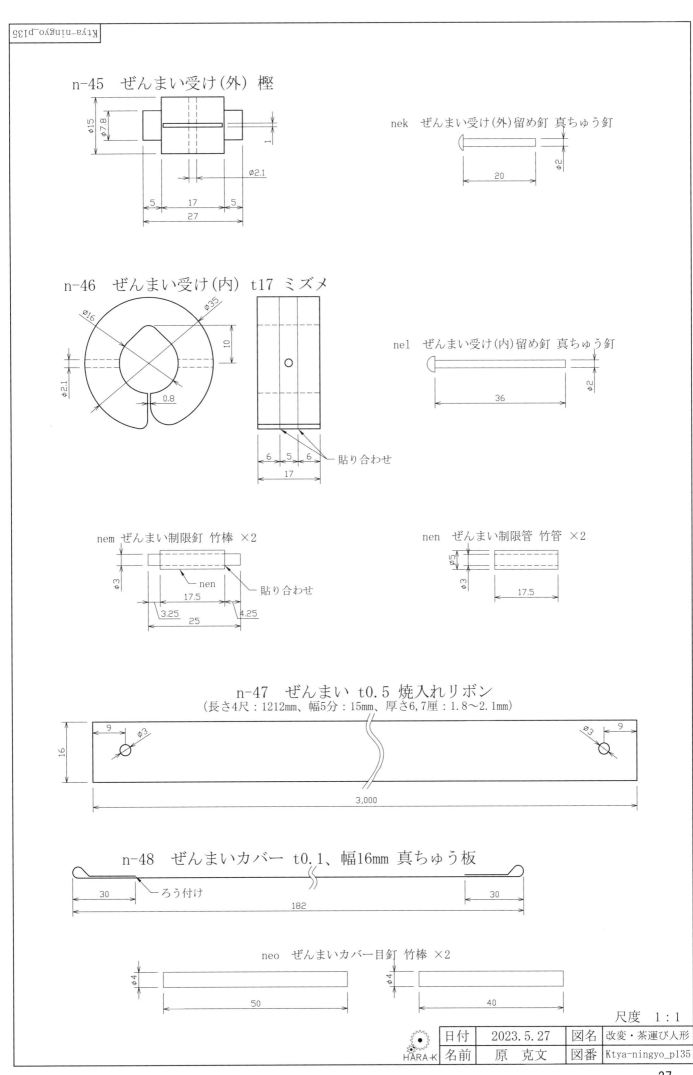

n-45 ぜんまい受け(外) 樫

nek ぜんまい受け(外)留め釘 真ちゅう釘

n-46 ぜんまい受け(内) t17 ミズメ

nel ぜんまい受け(内)留め釘 真ちゅう釘

nem ぜんまい制限釘 竹棒 ×2

nen ぜんまい制限管 竹管 ×2

n-47 ぜんまい t0.5 焼入れリボン
(長さ4尺：1212mm、幅5分：15mm、厚さ6,7厘：1.8～2.1mm)

n-48 ぜんまいカバー t0.1、幅16mm 真ちゅう板

neo ぜんまいカバー目釘 竹棒 ×2

尺度 1：1

| 日付 | 2023.5.27 | 図名 | 改変・茶運び人形 |
| 名前 | 原　克文 | 図番 | Ktya-ningyo_p135 |

HARA-K

37

n-49　からみ防止（前）t1程　幅8　長さ190　竹（または鯨のひれ（ひげ））

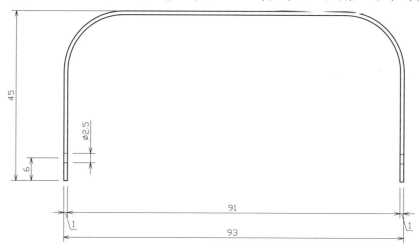

n-50　からみ防止（後）t1程　幅8　長さ145　竹（または鯨のひれ（ひげ））

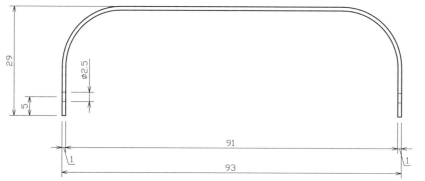

尺度　1：1

日付	2023.5.27	図名	改変・茶運び人形
名前	原　克文	図番	Ktya-ningyo_p136

HARA-K

38

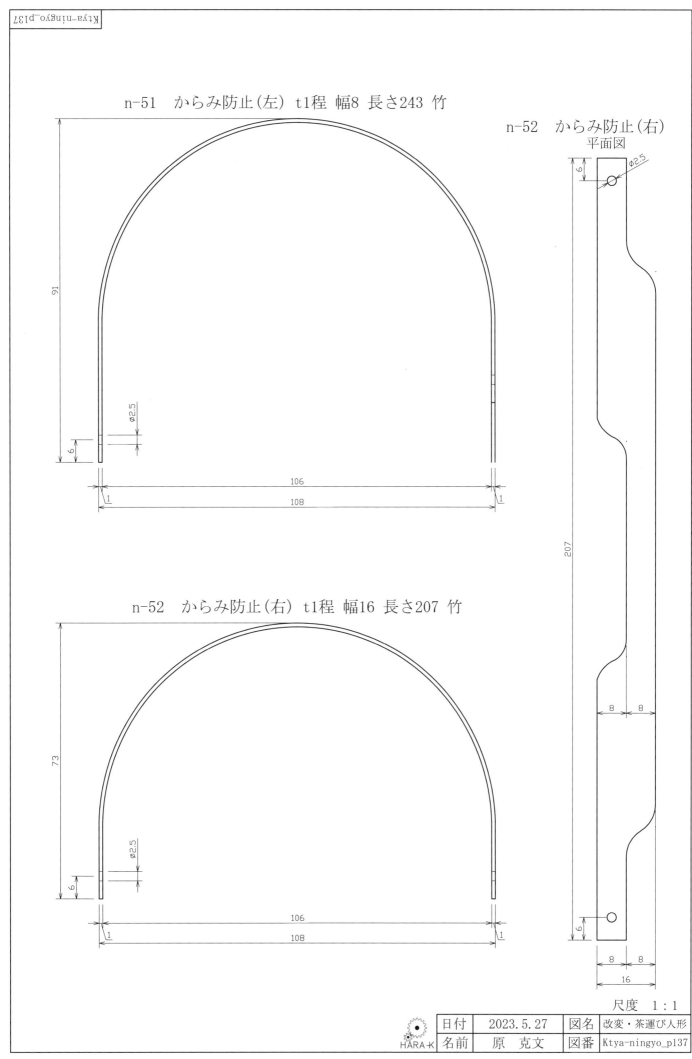

n-51　からみ防止（左）t1程 幅8 長さ243 竹

n-52　からみ防止（右）
平面図

n-52　からみ防止（右）t1程 幅16 長さ207 竹

尺度　1：1

| 日付 | 2023.5.27 | 図名 | 改変・茶運び人形 |
| 名前 | 原　克文 | 図番 | Ktya-ningyo_p137 |

39

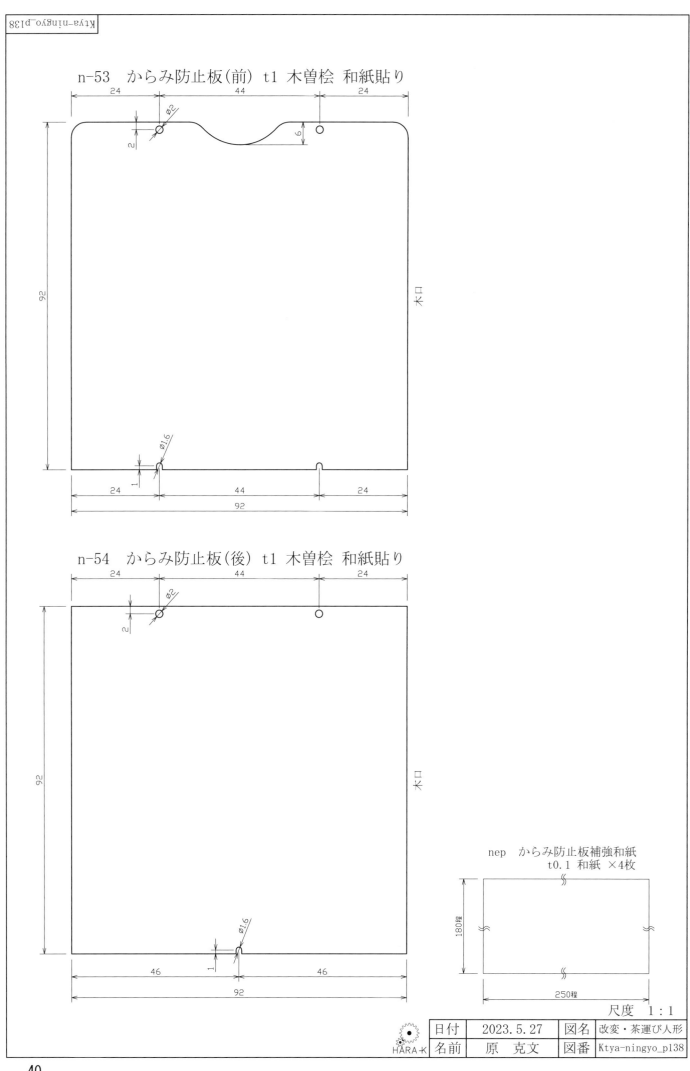

n-53　からみ防止板(前) t1 木曽桧 和紙貼り

n-54　からみ防止板(後) t1 木曽桧 和紙貼り

nep　からみ防止板補強和紙
t0.1 和紙 ×4枚

尺度　1：1

日付	2023.5.27	図名	改変・茶運び人形
名前	原　克文	図番	Ktya-ningyo_p138

HARA-K

40

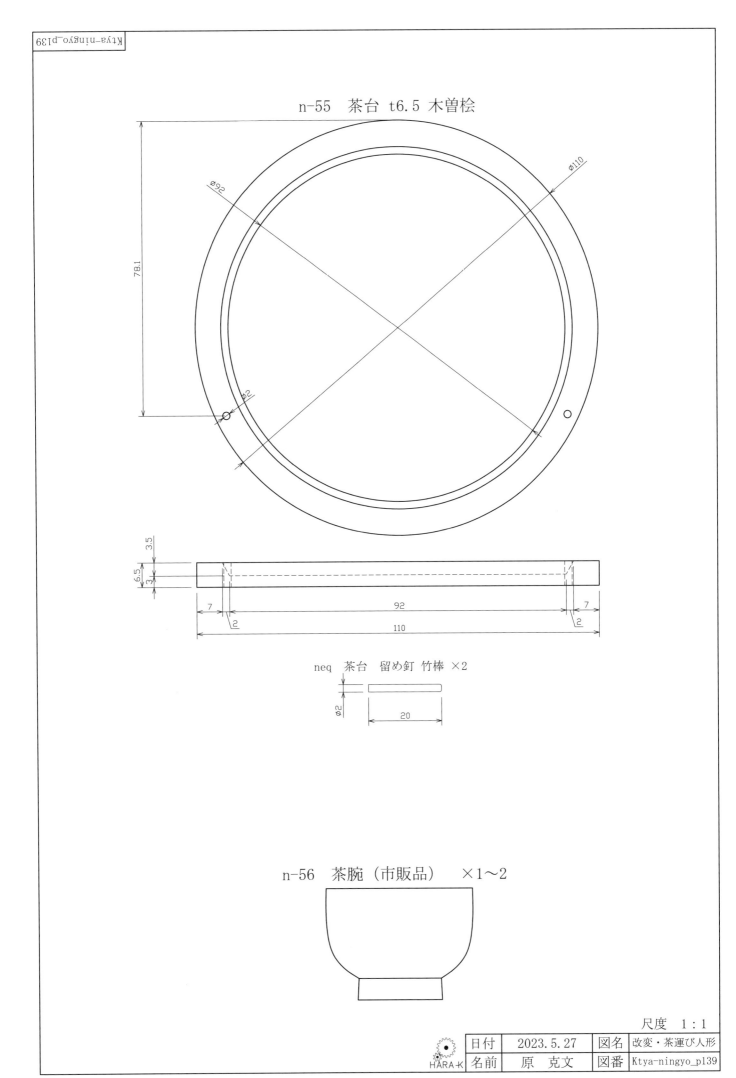

n-55　茶台　t6.5　木曽桧

ø92

ø110

78.1

ø2

3.5

6.5

3

7

92

7

2

2

110

neq　茶台　留め釘　竹棒　×2

ø2

20

n-56　茶腕（市販品）　×1〜2

尺度　1：1

日付	2023.5.27	図名	改変・茶運び人形
名前	原　克文	図番	Ktya-ningyo_p139

HARA-K

41

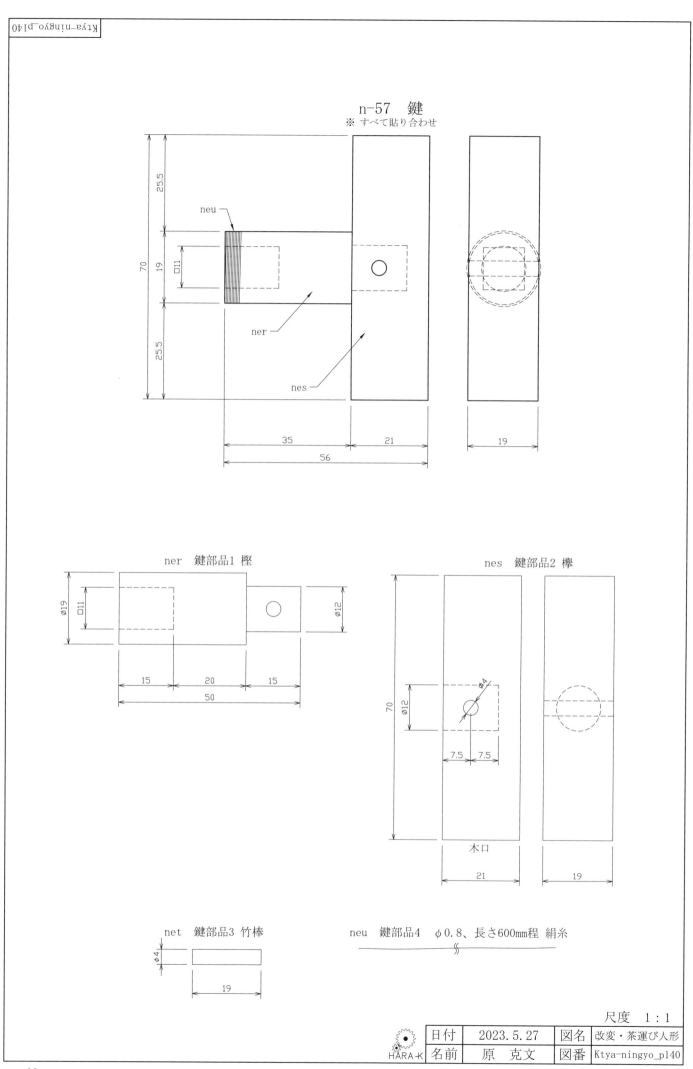

n-57 鍵
※ すべて貼り合わせ

neu

ner

nes

25.5
70
19
□11
25.5

35
21
56

19

ner 鍵部品1 樫

φ19
□11
φ12

15
20
15
50

nes 鍵部品2 欅

φ12
70
φ4
7.5 7.5

木口
21

19

net 鍵部品3 竹棒

φ4
19

neu 鍵部品4　φ0.8、長さ600mm程 絹糸

尺度　1：1

| 日付 | 2023.5.27 | 図名 | 改変・茶運び人形 |
| 名前 | 原　克文 | 図番 | Ktya-ningyo_p140 |

HARA-K

42

Ktya-ningyo_p140

改変・茶運び人形の動き

改変・茶運び人形は、従来の茶運び人形を基本にして、自動停止機構を加えたものです。

自動停止機構は、ワンタッチで無効にすることが出来ます。このため自動停止有無の二通りの動きを、

簡単に切り換えて楽しむことが出来ます。

また、一の輪と二の輪心車の歯数比を小さくして、直進距離を短くしています。

人形の動き（自動停止を含む）、人形の移動距離、歯車の構造を説明します。

１．人形の動き（自動停止を含む）

主人側のA地点から動き始めて、客側のB、C地点を通り、主人側のD地点にもどるまでの自動停止

有りの動きを説明します。

　※　A〜B〜Cは、一の輪（一の輪心棒）が一回転した時の動きです。

　　　C〜Dは、一の輪（一の輪心棒）の二回転目の一部の動きになります。

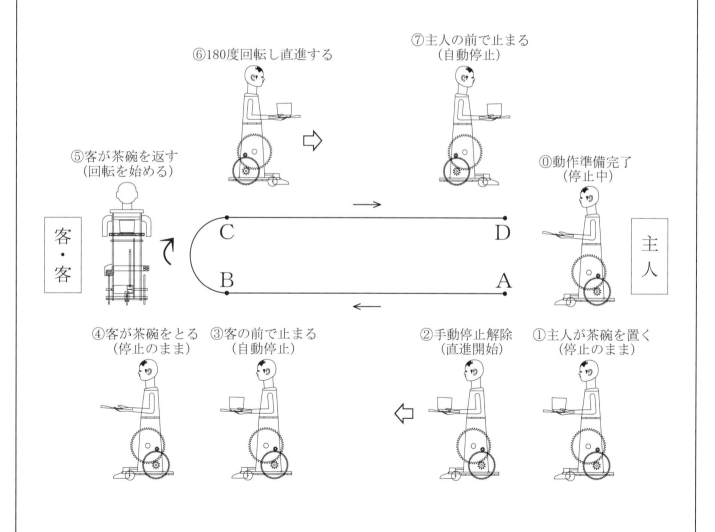

⑥180度回転し直進する　　　　⑦主人の前で止まる（自動停止）

⑤客が茶碗を返す（回転を始める）　　⓪動作準備完了（停止中）

客・客　　　C　　　D　　　主人

B　　　A

④客が茶碗をとる（停止のまま）　③客の前で止まる（自動停止）　②手動停止解除（直進開始）　①主人が茶碗を置く（停止のまま）

尺度　１：１

| 日付 | 2023.5.27 | 図名 | 改変・茶運び人形 |
| 名前 | 原　克文 | 図番 | Ktya-ningyo_p141 |

HARA-K

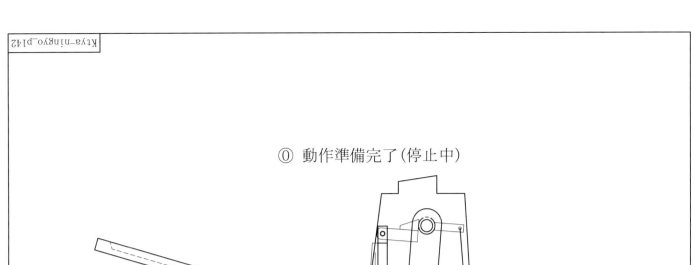

⓪ 動作準備完了(停止中)

自動停止解除爪

J1 (行司輪停止棒)

J2 (自動停止棒)

自動停止爪

自動停止制御棒

行戻り

添え板

行司輪

S (手動停止棒)

手動停止爪

楫とり爪

84

ぜんまいを巻いて動作準備が完了した状態です。
機構のそれぞれの位置は次のとおりです。

腕心棒は、腕心棒ばねと腕心棒制限釘のバランスで一定の位置に止まっています。
腕心棒に連動して動く手と茶台は、やや前上がりになっています。
人形の動きを止める三つの停止棒の位置は次のとおりです。

　J1(行司輪停止棒)は、行司輪爪に掛かっています。

　　(組立時、行司輪停止棒糸でこの位置になるように調整します)

　J2(自動停止棒)は、行司輪爪の少し上にあります。

　　(組立時、自動停止棒糸でこの位置になるように調整します。

　　※ 自動停止解除爪は、自動停止を無効にする場合、押し込みます)

　S(手動停止棒)は、行司輪爪に掛かっています。

　　(ぜんまいを巻く前に自動停止爪を操作して、手動停止棒を上げておきます)

行戻りは、ぜんまいを巻くと図のように回転し、添え板と楫取り爪が接触する位置で
止まります。

尺度　1:1

| 日付 | 2023.5.27 | 図名 | 改変・茶運び人形 |
| 名前 | 原　克文 | 図番 | Ktya-ningyo_p142 |

HARA-K

① 主人が茶碗を置く（停止のまま）

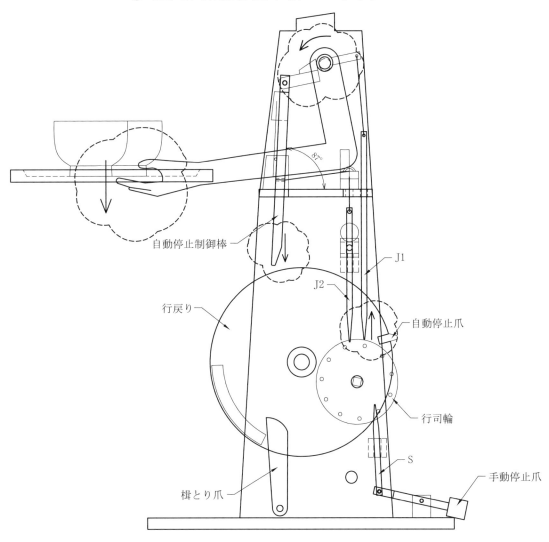

自動停止制御棒
J1
J2
行戻り
自動停止爪
行司輪
楫とり爪
S
手動停止爪

主人が茶碗を茶台に置きます。
茶台と手が下がり、腕心棒が回転します。
腕心棒が回転すると、
　　自動停止制御棒が下がります。 J 2 が僅かに動きます。
　　J 1 が上がり、行司輪爪から離れます。
Sが行司輪爪に掛かっており人形は停止したままです。

尺度　1：1

	日付	2023.5.27	図名	改変・茶運び人形
HARA-K	名前	原　克文	図番	Ktya-ningyo_p143

45

② 手動停止解除(直進開始)

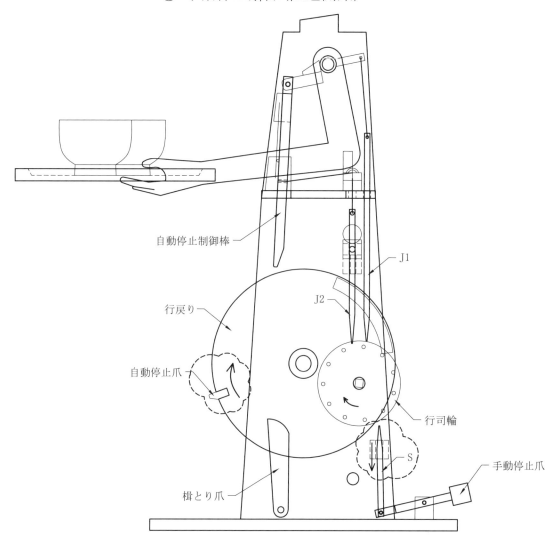

自動停止制御棒

J1

J2

行戻り

自動停止爪

行司輪

楫とり爪

S

手動停止爪

手動停止爪を操作して、Sを下げます。Sが行司輪から離れます。
行司輪は、止めるものがなくなり、回転を始めます。人形が直進します。
行戻り(自動停止爪)も回転します。

尺度　1:1

	日付	2023.5.27	図名	改変・茶運び人形
HARA-K	名前	原　克文	図番	Ktya-ningyo_p144

③ 客の前で止まる（自動停止）

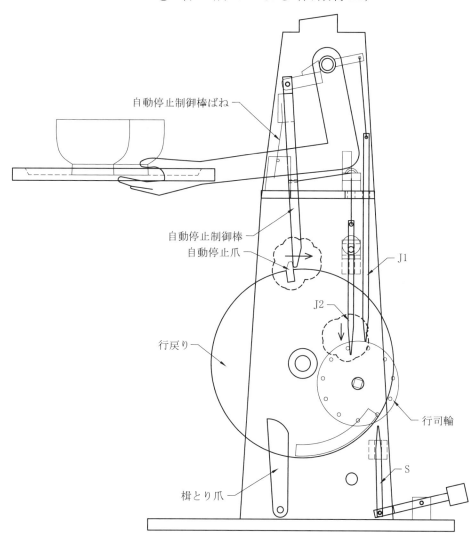

自動停止制御棒ばね

自動停止制御棒
自動停止爪
J1
J2
行戻り
行司輪
楫とり爪
S

行戻り（自動停止爪）が回転していくと、自動停止制御棒を押します。
自動停止制御棒に繋がっているＪ２が下がります。
Ｊ２が行司輪爪に掛かり、行司輪が回転を止めます。人形が自動的に止まります。

尺度　1：1

	日付	2023.5.27	図名	改変・茶運び人形
HARA-K	名前	原　克文	図番	Ktya-ningyo_p145

47

④ 客が茶碗をとる（停止のまま）

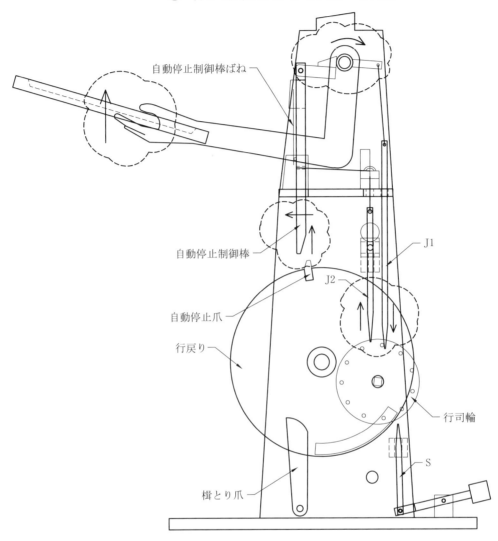

自動停止制御棒ばね

自動停止制御棒

J1

J2

自動停止爪

行戻り

行司輪

楫とり爪

S

客が、茶碗を取ります。

茶台と手が上がり、腕心棒が回転します。

自動停止制御棒が上がり自動停止爪から離れます。同時に自動停止制御棒ばねの力で
前方に動き初期の位置に戻ります。

Ｊ２が上がり行司輪爪から離れます。

Ｊ１が下に下がり行司輪爪に掛かります。

行司輪爪に対してＪ２とＪ１が入れ替わる形になり、行司輪の回転は止まったままで
人形も停止のままです。

尺度　1：1

日付	2023.5.27	図名	改変・茶運び人形
名前	原　克文	図番	Ktya-ningyo_p146

HARA-K

48

⑤ 客が茶碗を返す(回転を始める)

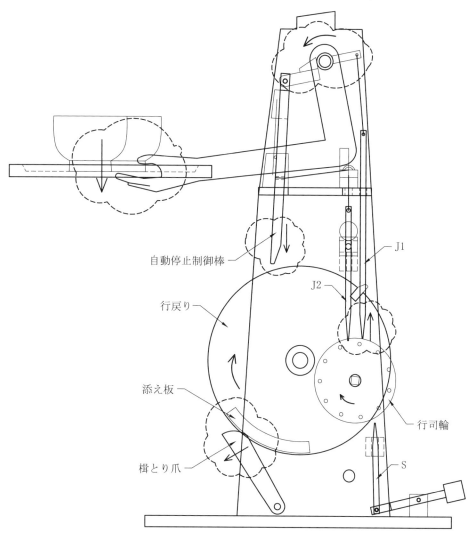

自動停止制御棒

行戻り

添え板

楫とり爪

J1

J2

行司輪

S

客が飲み終えた茶碗を茶台に返します。
茶台と手が下がり、腕心棒が回転します。
自動停止制御棒が下がります。 J2が僅かに動きます。
J1が上がり、行司輪爪から離れます。
行司輪は、止めるものがなくなり回転を始めます。
行戻り(添え板)も回転し、すぐに添え板が楫取り爪を押します。
魁車が傾き、人形は、回転を始めます。

尺度　1：1

日付	2023.5.27	図名	改変・茶運び人形
名前	原　克文	図番	Ktya-ningyo_p147

HARA-K

49

⑥ 180度回転し直進する

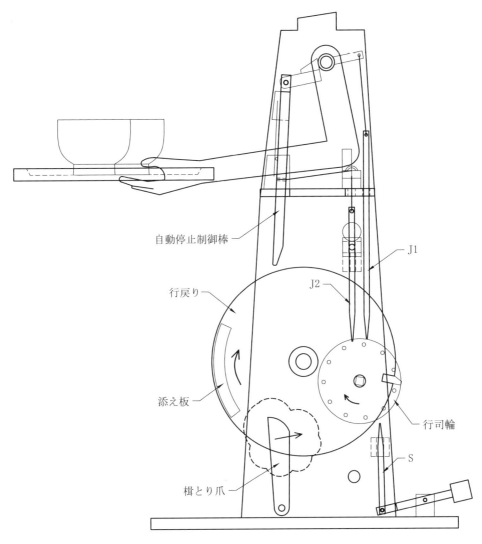

自動停止制御棒

行戻り

J2

J1

添え板

行司輪

S

楫とり爪

人形が180度回転したところで行戻り(添え板)が楫取り爪から外れます。
楫取り爪がばねの力で元の位置に戻り、魁車が真っ直ぐになり、人形が直進を始めます。

①～⑥までが行戻り(一の輪心棒)が一回転する動きになります。

尺度　1：1

日付	2023.5.27	図名	改変・茶運び人形
名前	原　克文	図番	Ktya-ningyo_p148

HARA-K

⑦ 主人の前で止まる(自動停止)

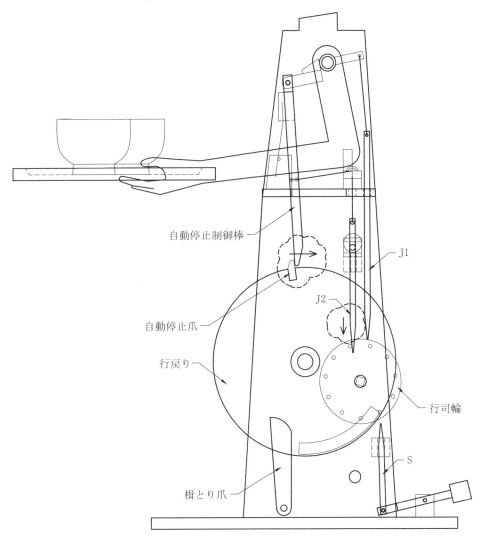

自動停止制御棒

J1

J2

自動停止爪

行戻り

行司輪

楫とり爪

S

「③客の前でとまる」と同じことです。
行戻り(自動停止爪)が回転していくと、自動停止制御棒を押します。
自動停止制御棒に繋がっているJ2が下がります。
J2が行司輪爪に掛かり、行司輪の回転を止めます。人形が自動的に止まります。

①~⑦がA~Dの動きになります。

尺度　1:1

	日付	2023.5.27	図名	改変・茶運び人形
HARA-K	名前	原　克文	図番	Ktya-ningyo_p149

51

２．人形の移動距離

改変・茶運び人形は、下図のＡ〜Ｂ〜Ｃ〜Ｄのような軌跡で動きます。
Ａ〜Ｂ〜Ｃの移動距離を説明します。

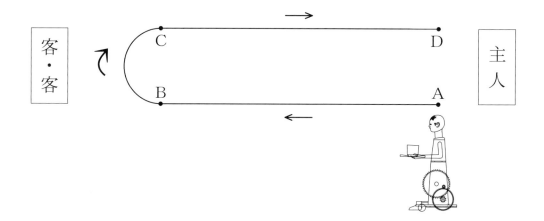

Ａ〜Ｂ〜Ｃは、一の輪が一回転した時の軌跡です。
改変・茶運び人形は、二の輪が動輪となって進んでいます。
二の輪の回転数を知れば、進む距離(Ａ〜Ｂ〜Ｃ)が分かります。

一の輪が一回転した時、二の輪の回転数は、次のようになります。
　　一の輪の歯数／二の輪心車の歯数＝48/10＝4.8　4.8回転します。

二の輪が回転して進む距離(Ａ〜Ｂ〜Ｃ)は、
　　二の輪の円周×二の輪の回転数＝（π×91）×4.8＝1,371　1.37m進みます。

回転(Ｂ〜Ｃ)は、楫取り爪が行戻り添え板に押されている間の距離です。
楫取り爪は、約86度の間押されています。
直進(Ａ〜Ｂ)は、回転(Ｂ〜Ｃ)部分を除いた距離になります。
　　直進(Ａ〜Ｂ)距離＝1.37×（274／360度）＝1.042　約1.0mになります。
このように、改変・茶運び人形は、1.0m直進し、0.37m回転する軌跡にになります。

回転の半径(r)は、
　　半径(r)＝370／π＝118mm　約12cmになります。

理論上は、以上のようになります。
実際は、改変・茶運び人形の動輪が左側だけ(右側はフリー)なので、少し違った動きになります。
動輪が滑ったりすると距離が少し短くなるようです。動かす床材にも大きく左右されます。
何回も動かして、人形の癖を掴んでください。

尺度　１：１

	日付	2023.5.27	図名	改変・茶運び人形
HARA-K	名前	原　克文	図番	Ktya-ningyo_p150

3．歯車の構造

改変・茶運び人形には、二対の歯車があります。この歯車の噛み合いを滑らかなものにしないと
人形は動いてくれません。またＸ対歯車の歯数比が変わると走行距離が変わります。
以下に歯車諸元と歯車図を示します。

歯車諸元

項目 ＼ 歯車	X対歯車		Y対歯車	
	A二の輪心車	B一の輪	C行司輪心車	D二の輪
z 歯数	10	48	8	56
da 歯先円直径　（mm）	25.8	115	14.5	91
df 歯底円直径　（mm）	15.8	102	6	80
d 基準円直径　（mm）	21.5	110.4	11.6	87.9
m モジュール	2.15	2.30	1.45	1.57
p 円ピッチ　（mm）	6.54	7.22	4.44	4.93
h 歯たけ　（mm）	5.0	6.54	4.25	5.5
u 歯数比	4.8		7	
a 中心(軸間)距離（mm）	66.8		50.6	

機械工学の公式から諸元を求めます。

mモジュール＝da歯先円直径／（ｚ歯数＋2）
d基準円直径＝z歯数×mモジュール
a中心(軸間)距離＝（A二の輪心車d基準円直径＋B一の輪d基準円直径）／2

※ 次の二点について公式の値を変えています。（遊びをつくり滑らかにすためです）
・mモジュールは、本来AとBは、同じ数値ですが、Aを0.15小さくしています。
・a中心(軸間)距離は、計算値に0.85を加えています。

従来の茶運び人形のＸ対歯車の歯数比は、7です。改変・茶運び人形は、4.8です。
これにより、直進距離が1.5mから１mに短くなっています。

尺度　１：１

日付	2023.5.27	図名　改変・茶運び人形
名前	原　克文	図番　Ktya-ningyo_p151

HARA-K

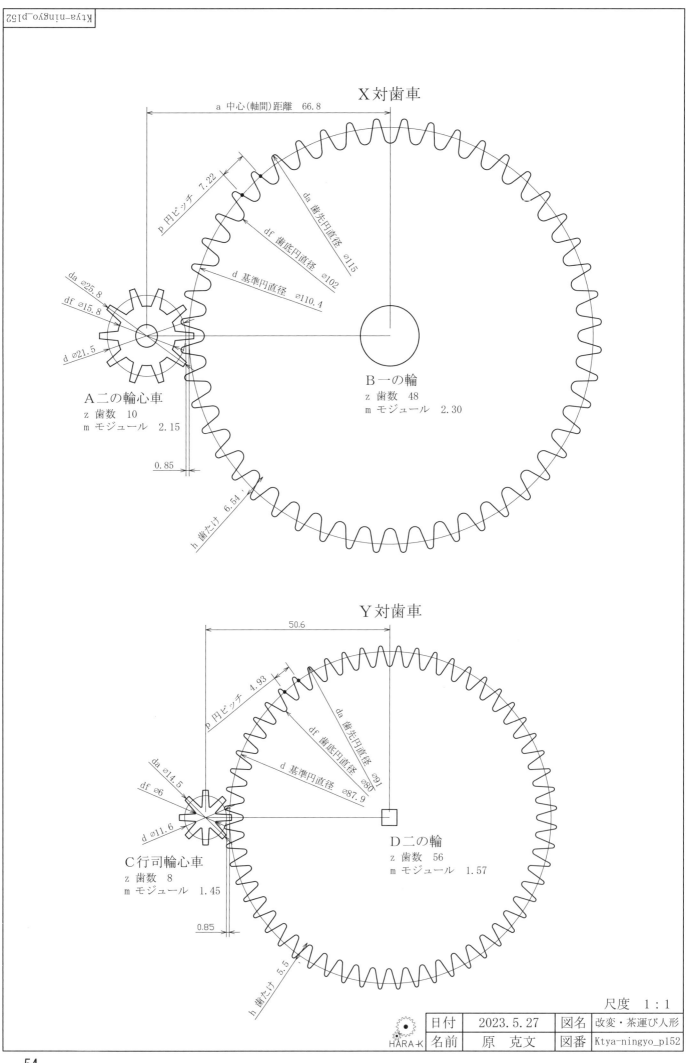

X 対歯車

a 中心(軸間)距離　66.8

p 円ピッチ　7.22

da 歯先円直径　⌀115

df 歯底円直径　⌀102

d 基準円直径　⌀110.4

da ⌀25.8
df ⌀15.8
d ⌀21.5

A 二の輪心車
z 歯数　10
m モジュール　2.15

0.85

h 歯たけ　6.54

B 一の輪
z 歯数　48
m モジュール　2.30

Y 対歯車

50.6

p 円ピッチ　4.93

da 歯先円直径　⌀91

df 歯底円直径　⌀80

d 基準円直径　⌀87.9

da ⌀14.5
df ⌀6
d ⌀11.6

C 行司輪心車
z 歯数　8
m モジュール　1.45

0.85

h 歯たけ　5.5

D 二の輪
z 歯数　56
m モジュール　1.57

尺度　1:1

HARA-K	日付	2023.5.27	図名	改変・茶運び人形
	名前	原　克文	図番	Ktya-ningyo_p152

54

改変・茶運び人形
200 衣装

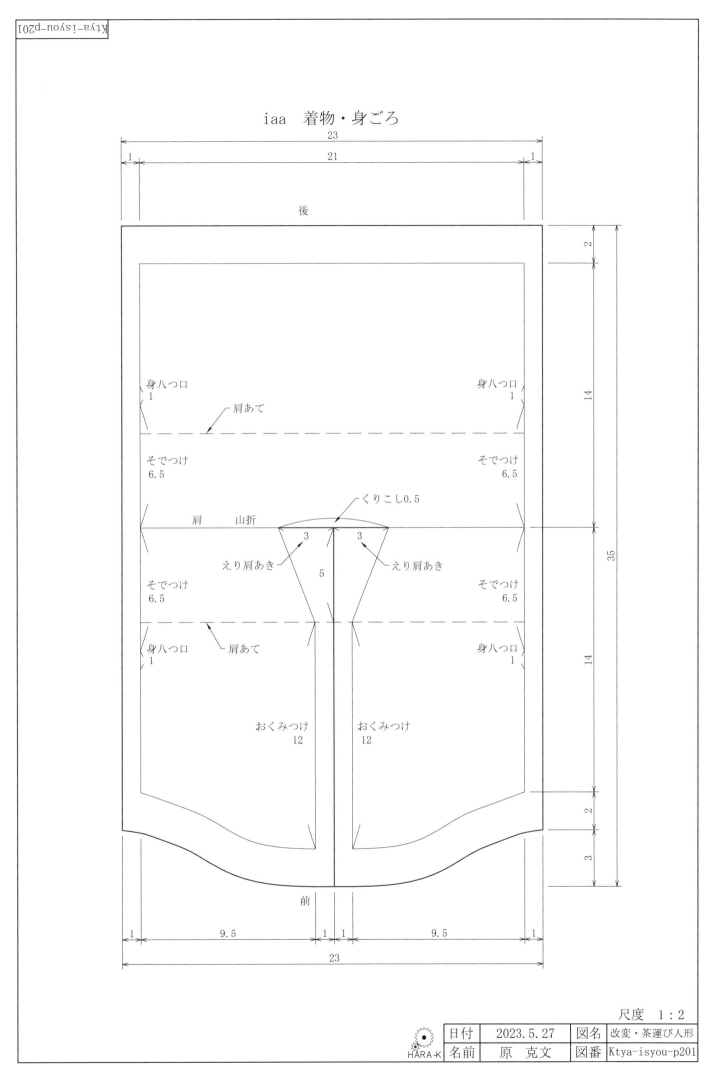

iaa　着物・身ごろ

55

iab　着物・肩あて

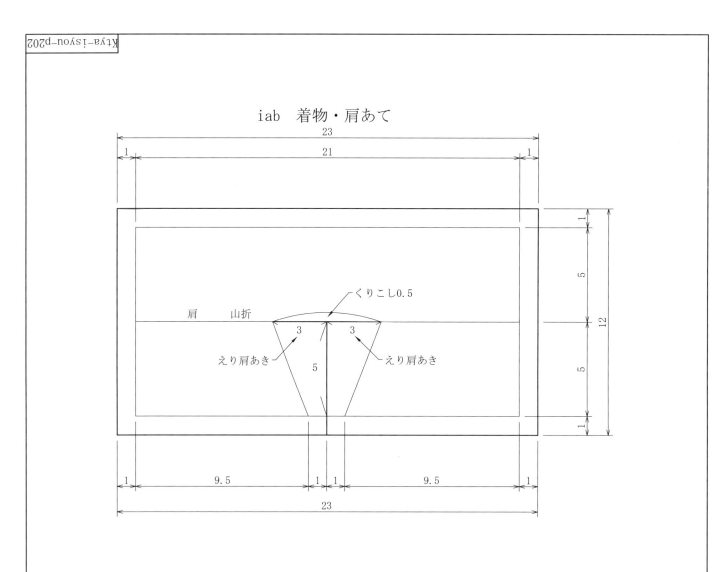

23
1　21　1
1
5
12
5
1

くりこし0.5
肩　　山折
3　　3
5
えり肩あき　　えり肩あき

1　9.5　1　1　9.5　1
23

iac　着物・おくみ　×2

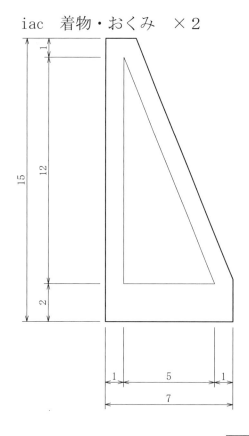

1
15
12
2

1　5　1
7

尺度　1：2

日付	2023.5.27	図名	改変・茶運び人形
名前	原　克文	図番	Ktya-isyou-p202

HARA-K

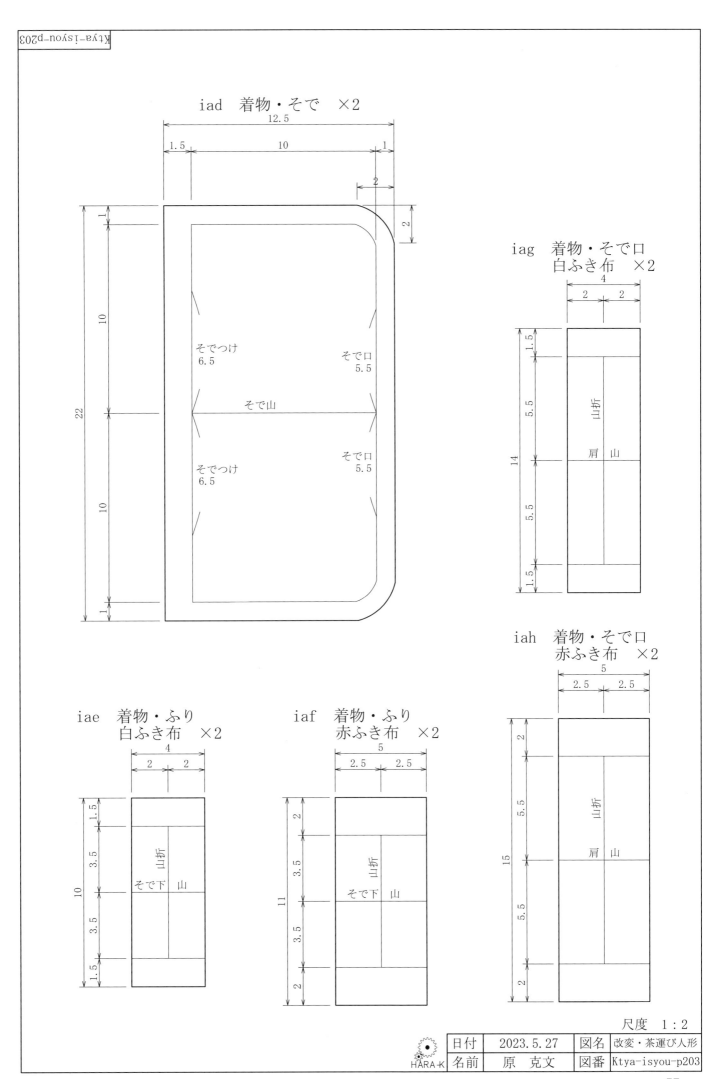

iad　着物・そで　×2

iag　着物・そで口
白ふき布　×2

iae　着物・ふり
白ふき布　×2

iaf　着物・ふり
赤ふき布　×2

iah　着物・そで口
赤ふき布　×2

尺度　1：2

日付	2023.5.27	図名	改変・茶運び人形
名前	原　克文	図番	Ktya-isyou-p203

57

iai　着物・襟

iaj　着物・白襟

iak　着物・赤襟

尺度　1：2

| 日付 | 2023.5.27 | 図名 | 改変・茶運び人形 |
| 名前 | 原　克文 | 図番 | Ktya-isyou-p204 |

ia1　陣羽織・身ごろ（裏地も同様に）

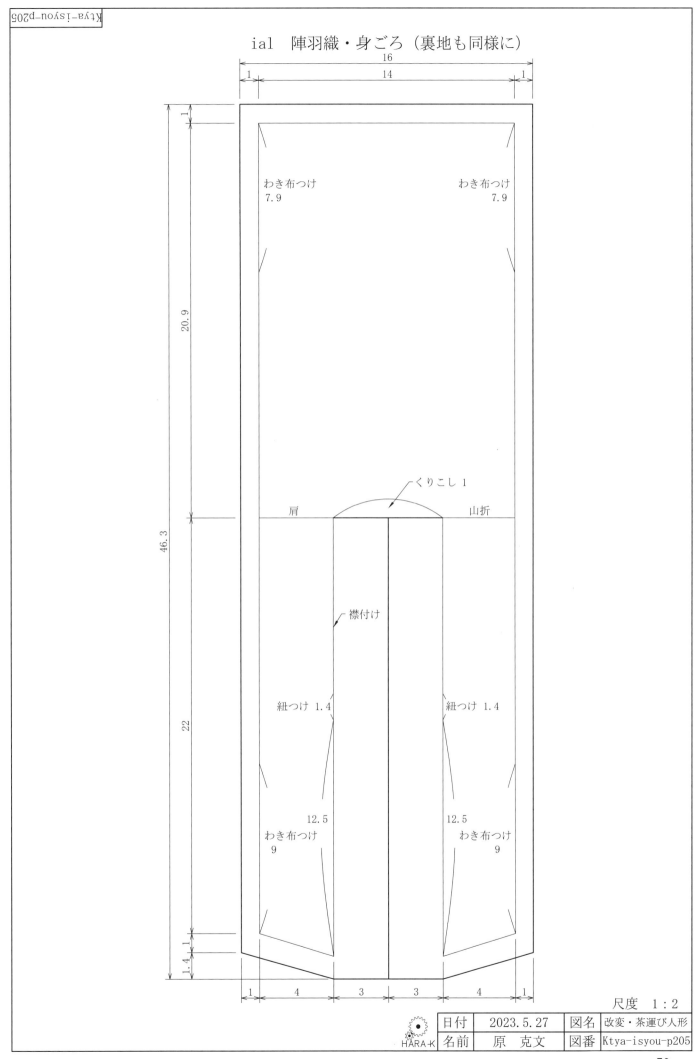

16

1　　　14　　　1

1

20.9

46.3

わき布つけ
7.9

わき布つけ
7.9

くりこし 1

肩　　　　　　　　　　　　　　　　　山折

襟付け

紐つけ 1.4

紐つけ 1.4

22

12.5

12.5

わき布つけ
9

わき布つけ
9

1.4　1

1　4　3　3　4　1

尺度　1：2

日付	2023.5.27	図名	改変・茶運び人形
名前	原　克文	図番	Ktya-isyou-p205

iam　陣羽織・襟

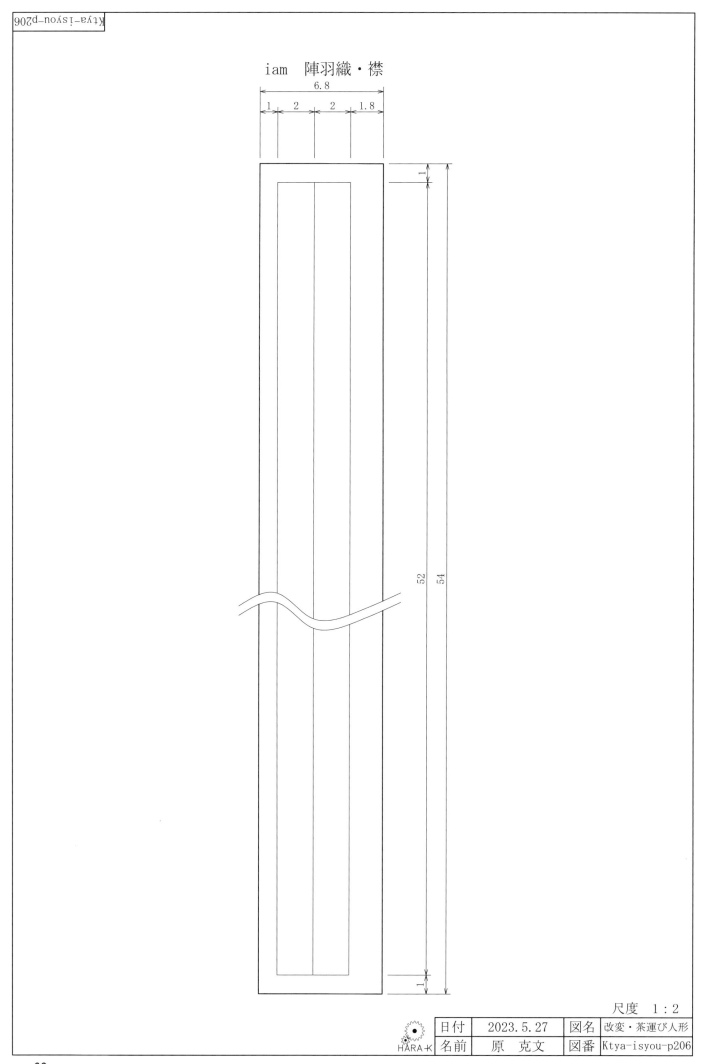

尺度　1：2

	日付	2023.5.27	図名	改変・茶運び人形
名前	原　克文	図番	Ktya-isyou-p206

HARA-K

60

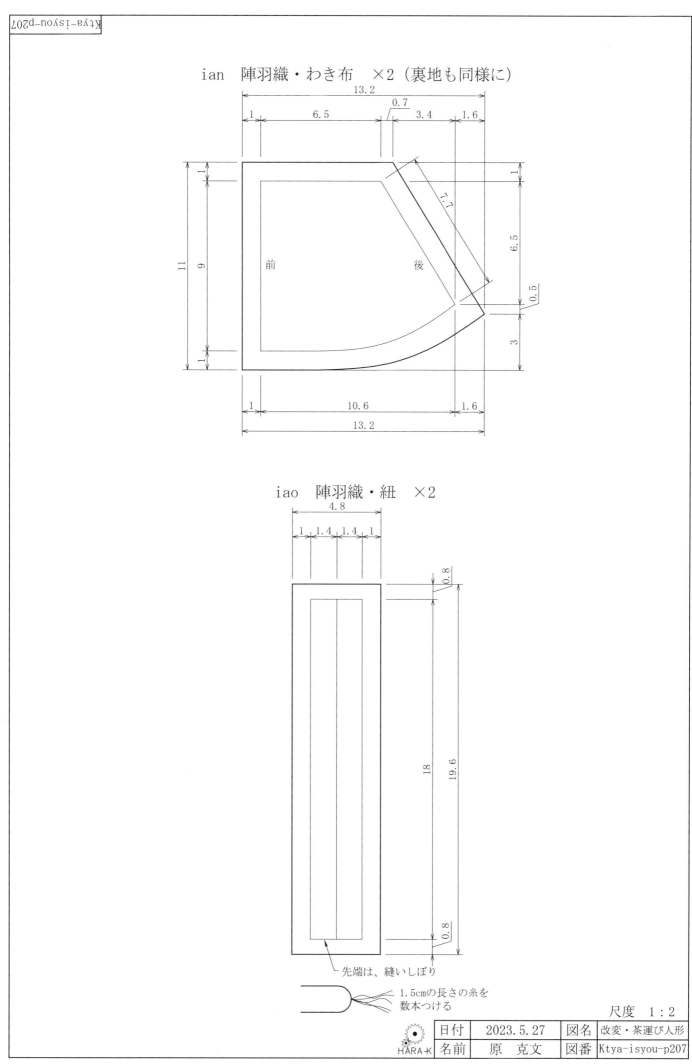

ian　陣羽織・わき布　×2（裏地も同様に）

前　　後

iao　陣羽織・紐　×2

先端は、縫いしぼり

1.5cmの長さの糸を
数本つける

尺度　1：2

日付	2023.5.27	図名	改変・茶運び人形
名前	原　克文	図番	Ktya-isyou-p207

HARA-K

61

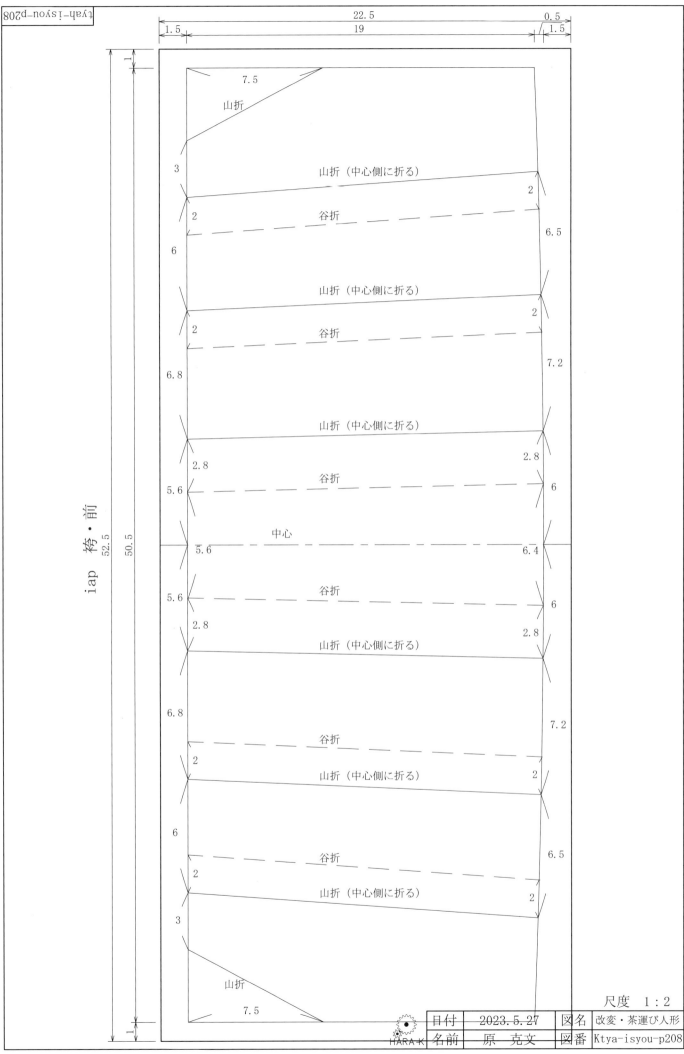

iap 袴・前

中心

山折

山折（中心側に折る）

谷折

山折（中心側に折る）

谷折

山折（中心側に折る）

谷折

谷折

山折（中心側に折る）

谷折

山折（中心側に折る）

谷折

山折（中心側に折る）

山折

22.5
19
0.5
1.5
1.5

52.5
50.5
1
1

7.5
3
2
6
2
6.8
2.8
5.6
5.6
2.8
6.8
2
6
2
3
7.5

2
6.5
2
7.2
2.8
6
6.4
6
2.8
7.2
2
6.5
2

尺度 1:2

| 目付 | 2023.5.27 | 図名 | 改変・茶運び人形 |
| 名前 | 原 克文 | 図番 | Ktya-isyou-p208 |

HARA-K

62

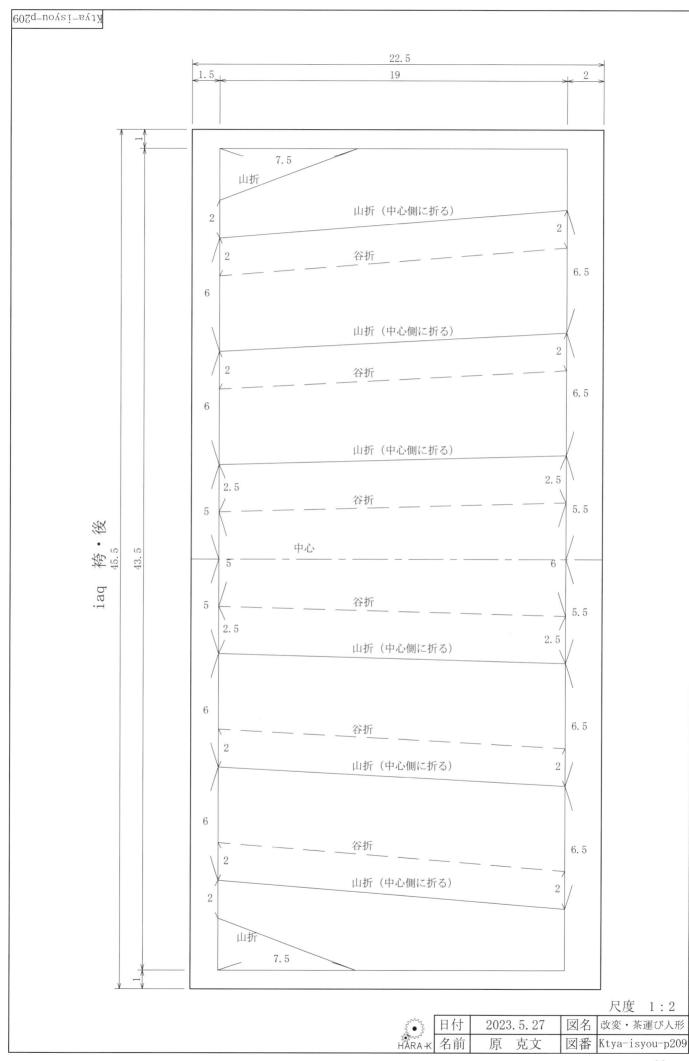

iaq 袴・後

22.5
1.5　19　2
1
45.5　43.5
1

7.5
山折
2
山折（中心側に折る）
2
2
谷折
6.5
6
山折（中心側に折る）
2
2
谷折
6.5
6
山折（中心側に折る）
2.5
2.5
5
谷折
5.5
中心
5
6
5
谷折
5.5
2.5
山折（中心側に折る）
2.5
6
谷折
6.5
2
山折（中心側に折る）
2
6
谷折
6.5
2
山折（中心側に折る）
2
2
山折
7.5

尺度　1:2

| | 日付 | 2023.5.27 | 図名 | 改変・茶運び人形 |
| HARA-K | 名前 | 原　克文 | 図番 | Ktya-isyou-p209 |

63

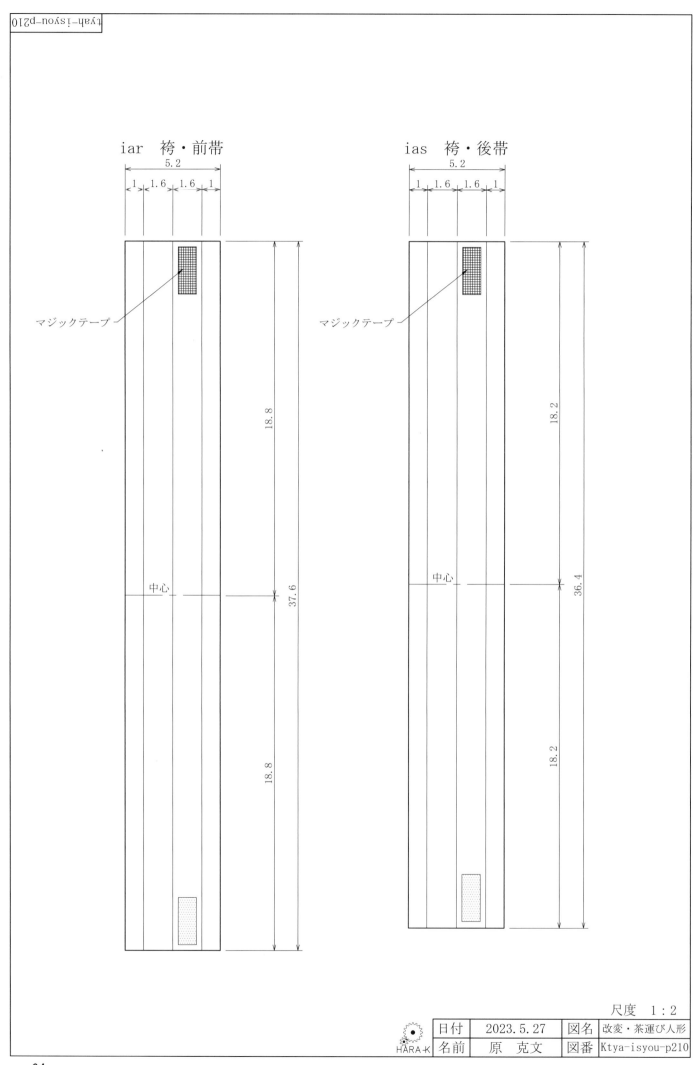

iar　袴・前帯

ias　袴・後帯

マジックテープ

中心

5.2

1　1.6　1.6　1

18.8

37.6

18.8

18.2

36.4

18.2

尺度　1：2

| | 日付 | 2023.5.27 | 図名 | 改変・茶運び人形 |
| HARA-K | 名前 | 原　克文 | 図番 | Ktya-isyou-p210 |

改変・茶運び人形

300 収納箱

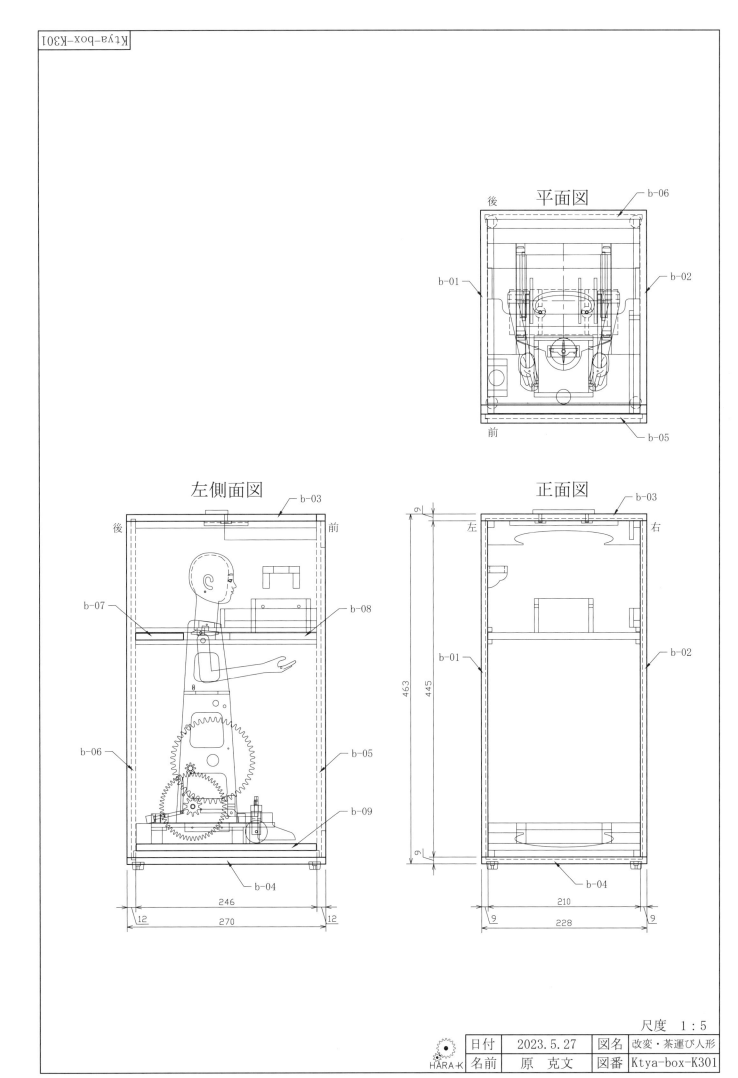

平面図

後

b-06

b-01

b-02

前

b-05

左側面図

b-03

後　　　　　　前

b-07

b-08

b-06

b-05

b-09

b-04

246

12　　270　　12

正面図

b-03

左　　　　　　右

b-01

b-02

463

445

b-04

210

9　　228　　9

尺度　1：5

日付	2023.5.27	図名	改変・茶運び人形
名前	原　克文	図番	Ktya-box-K301

65

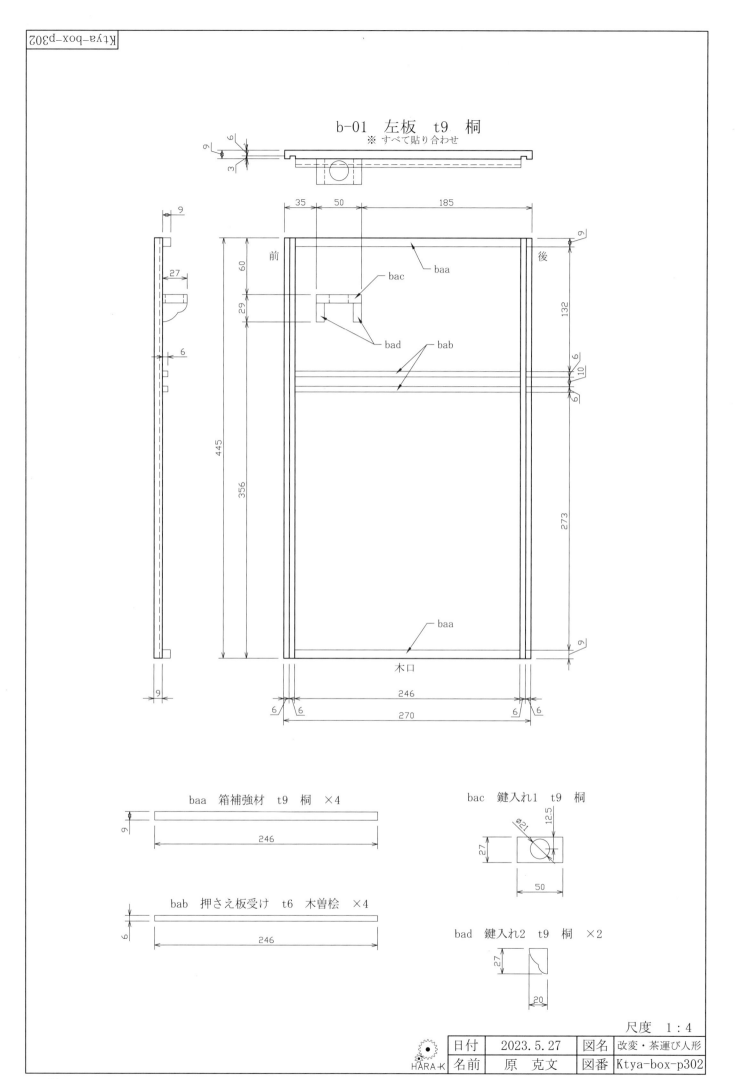

b-01　左板　t9　桐
※ すべて貼り合わせ

前　後

baa
bac
bad　bab

木口

baa　箱補強材　t9　桐　×4
bab　押さえ板受け　t6　木曽桧　×4
bac　鍵入れ1　t9　桐
bad　鍵入れ2　t9　桐　×2

尺度　1：4

| 日付 | 2023.5.27 | 図名 | 改変・茶運び人形 |
| 名前 | 原　克文 | 図番 | Ktya-box-p302 |

66

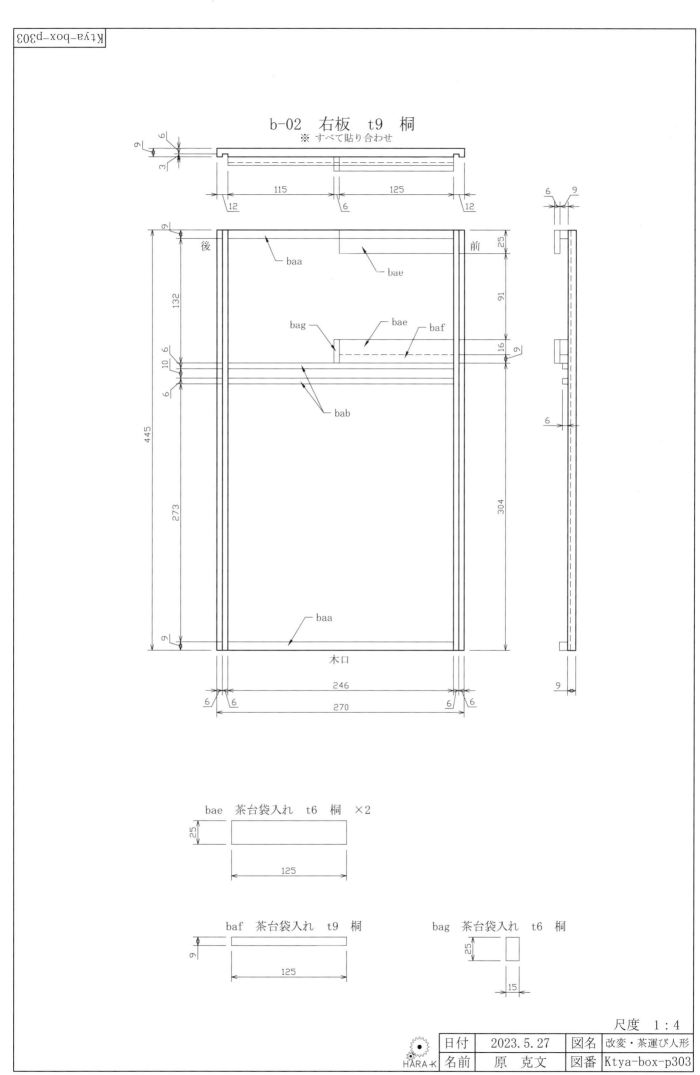

b-02　右板　t9　桐
※ すべて貼り合わせ

bae　茶台袋入れ　t6　桐　×2

baf　茶台袋入れ　t9　桐

bag　茶台袋入れ　t6　桐

尺度　1：4

日付	2023.5.27	図名	改変・茶運び人形
名前	原　克文	図番	Ktya-box-p303

67

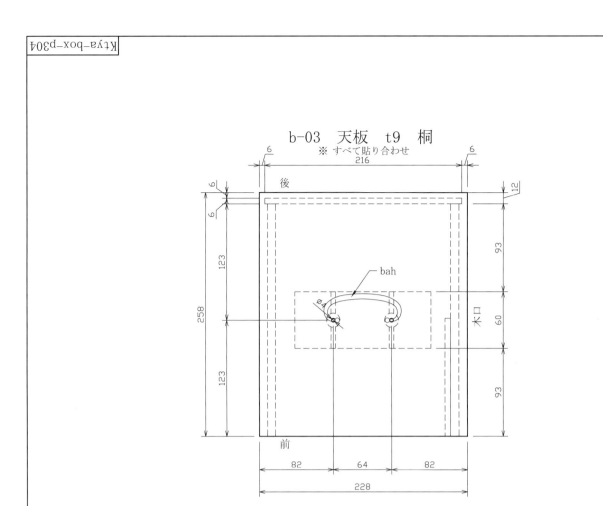

b-03　天板　t9　桐
※ すべて貼り合わせ

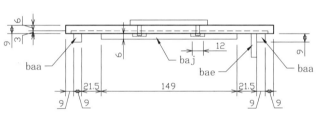

bah　持ち手　菊座マルカン

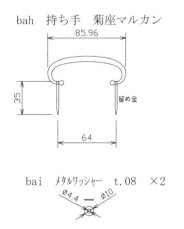

bai　メタルワッシャー　t.08　×2

baj　持ち手補強材　t6　桐

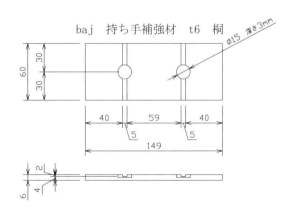

尺度　1：4

| 日付 | 2023.5.27 | 図名 | 改変・茶運び人形 |
| 名前 | 原　克文 | 図番 | Ktya-box-p304 |

HARA-K

b-04　底板　t9　桐
※　すべて貼り合わせ

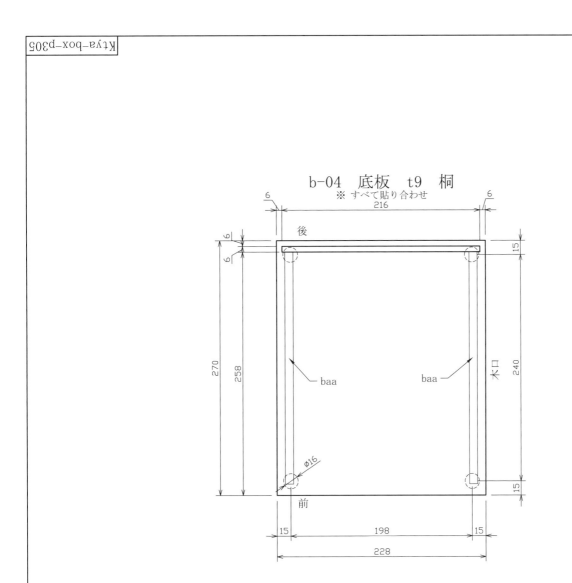

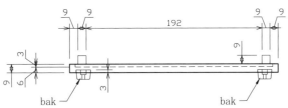

bak　底板部品　クッション　φ16　×4
（八幡ねじ　ボンネットゴム　K-16S）

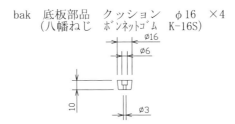

尺度　1：4

日付	2023.5.27	図名	改変・茶運び人形
名前	原　克文	図番	Ktya-box-p305

HARA-K

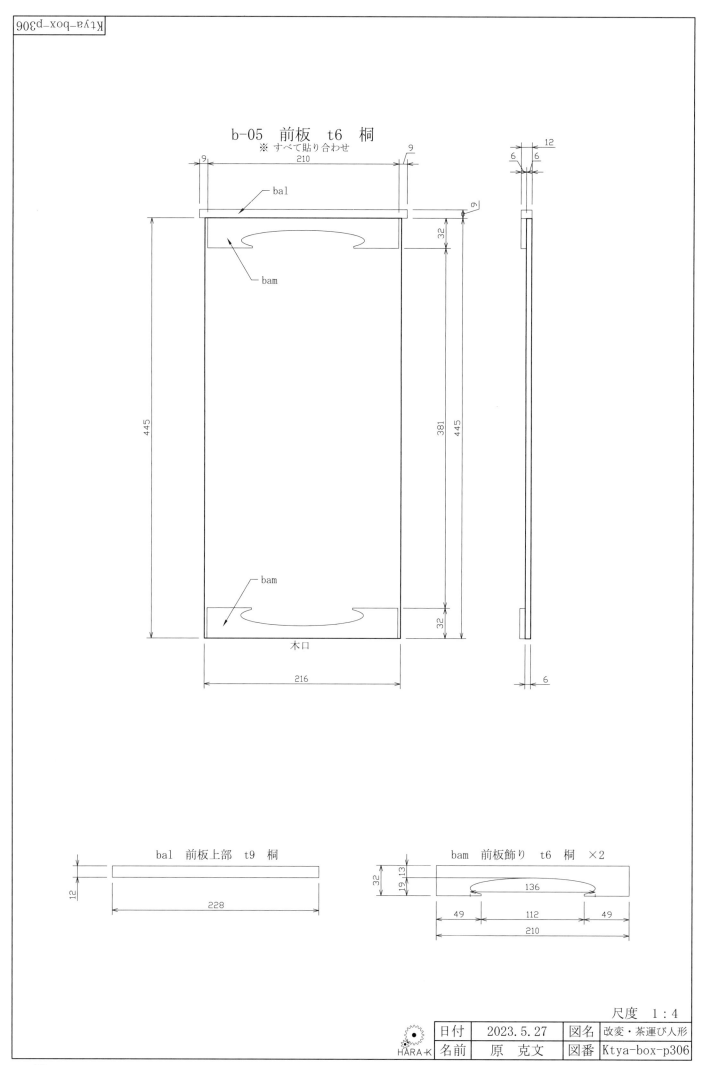

b-05 前板 t6 桐
※ すべて貼り合わせ

bal

bam

bam

木口

bal 前板上部 t9 桐

bam 前板飾り t6 桐 ×2

尺度 1：4

日付	2023.5.27	図名	改変・茶運び人形
名前	原　克文	図番	Ktya-box-p306

HARA-K

b-06　後板　t6　桐

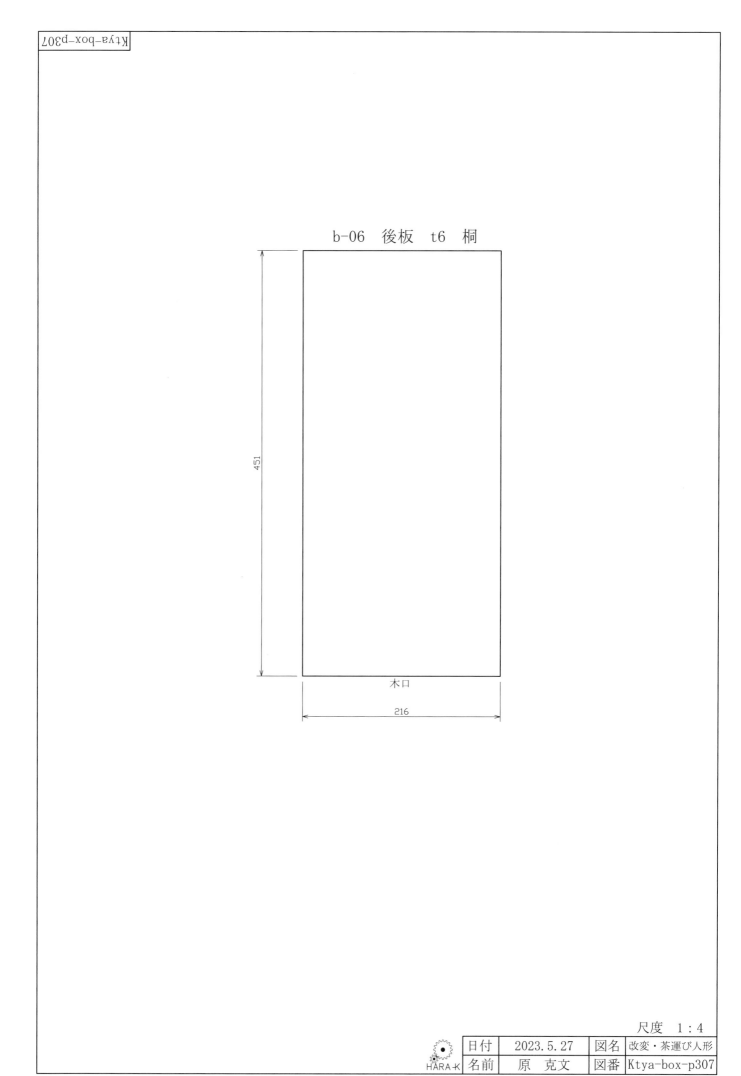

451

木口

216

尺度　1：4

	日付	2023.5.27	図名	改変・茶運び人形
HARA-K	名前	原　克文	図番	Ktya-box-p307

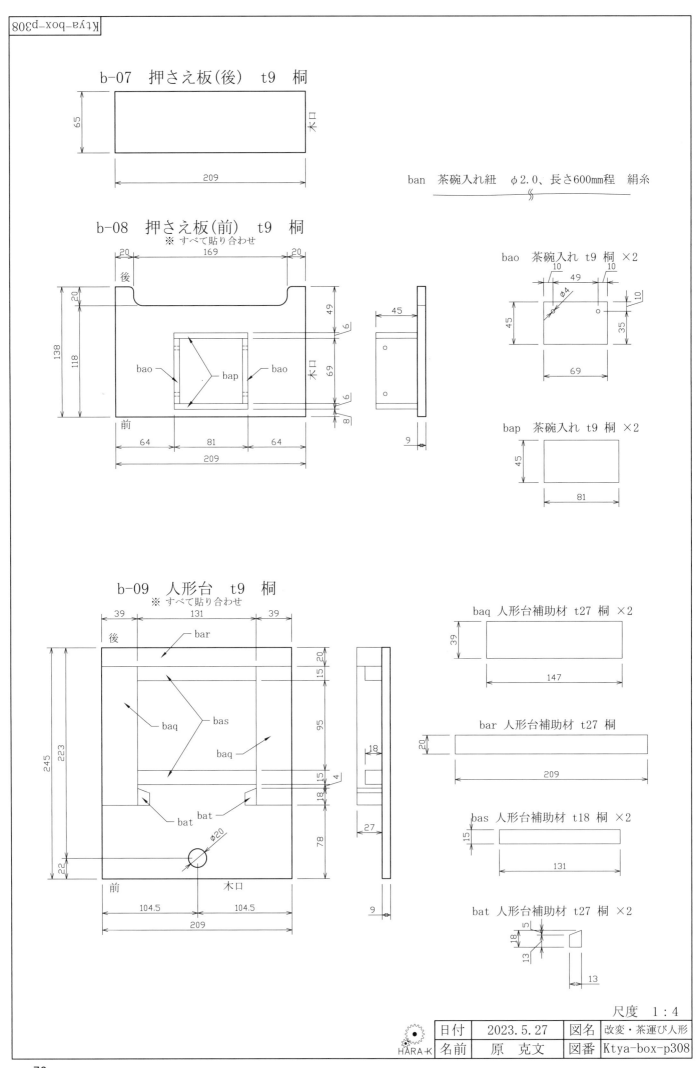

b-07　押さえ板(後)　t9　桐

65
209
木口

ban　茶碗入れ紐　φ2.0、長さ600mm程　絹糸

b-08　押さえ板(前)　t9　桐
※ すべて貼り合わせ

20　169　20
後
20
138　118
bao　bap　bao
木口
49
6
69
6
8
前
64　81　64
209

45
9

bao　茶碗入れ　t9　桐　×2
10　49　10
φ4
45
10
35
69

bap　茶碗入れ　t9　桐　×2
45
81

b-09　人形台　t9　桐
※ すべて貼り合わせ

39　131　39
後
bar
20
15
baq　bas
95
baq
245　223
15
4
bat　bat
18
78
前　木口
φ20
22
104.5　104.5
209

18
27
9

baq　人形台補助材　t27　桐　×2
39
147

bar　人形台補助材　t27　桐
20
209

bas　人形台補助材　t18　桐　×2
15
131

bat　人形台補助材　t27　桐　×2
5
18
13
13

尺度　1：4

日付　2023.5.27　図名　改変・茶運び人形
名前　原　克文　図番　Ktya-box-p308
HARA-K

b-10 茶台袋 中厚口和紙

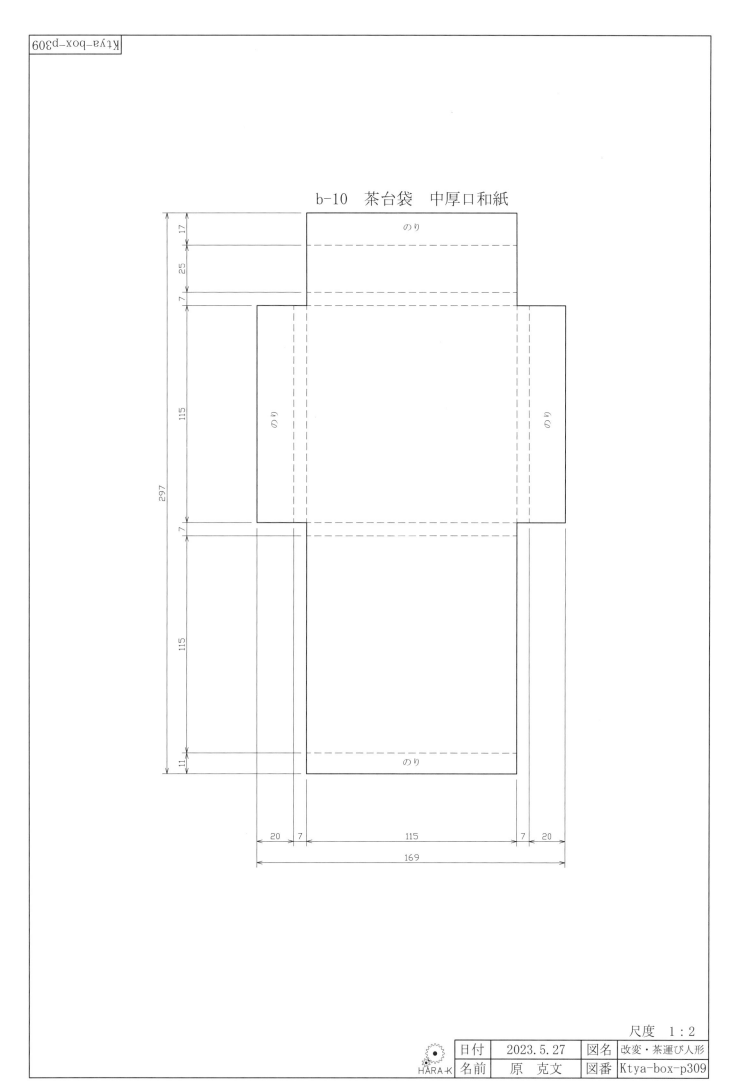

のり

17

25

7

のり

のり

115

297

7

115

のり

11

20　7　　　115　　　7　20

169

尺度　1：2

	日付	2023.5.27	図名	改変・茶運び人形
HARA-K	名前	原　克文	図番	Ktya-box-p309

73

著者紹介

原 克文 (はら　かつふみ)

1947 年 佐賀県小城に生まれる。

2002 年 ものづくり（組み木、AUTOMATA）を始める。
AUTOMATA のオリジナル作品を作る。（・居眠り一休さん　・にげた魚は大きい！）

2006 年 東野進氏（現代の名工・からくり技師）主宰のからくり研修会に参加する。
以降、製作した主な作品（製作年と作品名）

- 2008 年　茶運び人形、茶汲娘
- 2009 年　弓曳き童子
- 2010 年　品玉人形
- 2011 年　空中ブランコロボット
- 2013 年　文字書き人形
- 2014 年　茶運び人形
- 2015 年　自動指南車・みちびき、段返り人形
- 2016 年　連理返り人形
- 2017 年　三番叟人形
- 2020 年　弓曳き武者人形、水車小屋と蕎麦処・新装開店

2022 年 主な作品を、NPO 法人久留米からくり振興会に寄贈する。

著書　江戸からくり　巻 1　茶運び人形復元（2014 年, ブイツーソリューション）
　　　　　　　　　巻 2 段返り人形復元（2015 年, 同）、巻 3 連理返り人形復元（2016 年, 同）
　　　　　　　　　巻 4 三番叟人形復元（2018 年, 同）、巻 5 弓曳き武者人形復元（2020 年, 同）
　　　からくり人形製作図面集　第 1 巻 茶運び人形（2023 年）、第 2 巻 段返り人形（2023 年）
　　　　　　　　　第 3 巻 連理返り人形（2023年）、第 4 巻 三番叟人形（2023年）
　　　　　　　　　第 5 巻 弓曳き武者人形（2023年）、第 6 巻 品玉人形（2023年）
　　　　　　　　　第 7 巻 自動指南車・みちびき（2023年）、
　　　　　　　　　第 8 巻 茶汲娘（2023年、東野秀規・原克文）、
　　　　　　　　　第 9 巻 弓曳き童子（2023 年、同）、第 10 巻 文字書き人形（2023 年、同）

からくり人形 製作図面集　　別巻 改変・茶運び人形

2023年12月20日　初版第 1 刷発行

著　者　原　克文
発行者　谷村　勇輔
発行所　ブイツーソリューション
　　　　〒466-0848 名古屋市昭和区長戸町4-40
　　　　TEL : 052-799-7391 / FAX : 052-799-7984
発売元　星雲社（共同出版社・流通責任出版社）
　　　　〒112-0005 東京都文京区水道1-3-30
　　　　TEL : 03-3868-3275 / FAX : 03-3868-6588
印刷所　藤原印刷